既有村镇住宅功能改善技术指南

金虹　康健　凌薇　张欣宇　吉军　周志宇　著

中国建筑工业出版社

图书在版编目（CIP）数据

既有村镇住宅功能改善技术指南／金虹等著. —北京：中国
建筑工业出版社，2012.5
ISBN 978-7-112-14078-7

Ⅰ. ①既…　Ⅱ. ①金…　Ⅲ. ①农村住宅－住宅建设－指南
Ⅳ. ① TU241.4-62

中国版本图书馆 CIP 数据核字（2012）第 031426 号

　　本书以提升农民生活质量、改善居住环境、方便农民使用为基本原则。通过对我国村镇
住宅的大量调研，分析我国农村的现存问题，有针对性地提出改造策略与技术做法，以指导
使用者对既有村镇住宅进行科学改造。作者从住宅的使用功能、设施功能、室内环境和室外
环境四个部分，详细阐述了与之相关的基础知识和基本原理，并逐一给出相应的改造方法和
技术措施。书中内容图文并茂，简单明了，通俗易懂，适于村镇居民、村镇技术人员、各级
规划设计人员、政府官员等不同层级的使用者使用，同时使用者可根据自己的需求有目的、
选择性地阅读此指南。

　　责任编辑：李　鸽
　　责任设计：赵明霞
　　责任校对：党　蕾　王雪竹

既有村镇住宅功能改善技术指南

金虹　康健　凌薇　张欣宇　吉军　周志宇　著

*

中国建筑工业出版社出版、发行（北京西郊百万庄）

各地新华书店、建筑书店经销

北京嘉泰利德公司制版

北京中科印刷有限公司印刷

*

开本：787×1092毫米　1/16　印张：7　字数：173千字

2012年12月第一版　2012年12月第一次印刷

定价：35.00元

ISBN 978-7-112-14078-7
　　　（22093）

前　言

多年来，我国一直忽视对基层村镇住宅的研究与指导，这些住宅多是由基层村镇居民自行施工和建设，导致存在很多弊病，如：功能不齐全、布局不合理、形式单一等。从目前我国村镇住宅的现状来看，多数住宅已经不适应现代村镇居民生活的发展需要，面临更新改造的问题，急需相关的技术指南以指导基层村镇住宅功能的改善。为了促进我国新农村的建设，引导广大农民科学建房与改造，促进我国村镇住宅的建设发展，提高农民的居住生活水平，我们撰写了本指南，以期为广大的农民提供更多的帮助。

本书以提升基层村镇居民生活质量、改善居住环境、方便基层村镇居民使用为基本原则，以国家"十一五"科技支撑计划重大项目"既有村镇住宅改造关键技术研究"的研究成果为基础，通过对我国村镇住宅的大量调研，系统分析我国农村住宅的现存问题，从住宅的使用功能、设施功能、室内环境和室外环境四个部分，详细阐述了与之相关的基础知识和基本原理，并逐一给出相应的改造方法和技术措施，以期指导广大基层村镇居民对既有村镇住宅进行科学改造。本书特色如下：

1）适应现代基层村镇居民生活模式，具有适用性、先进性和可操作性。本书给出的技术是在综合考虑我国基层村镇的经济条件、建材资源、施工技术水平、基层村镇居民生活行为模式以及建筑特点的基础上研发的，适应农村的具体情况，便于在广大农村推广。

2）满足各类基层村镇居民的多种需求。本书为各层次村镇居民提出了不同系列的多元化村镇住宅改善技术参考，即解决了广大农户众口难调的矛盾，又避免了多年来困扰我国农村建设的"住宅形式单一、农村面貌缺少特色"的大问题。

3）简明易懂的模式。针对村镇住宅建设特点及村镇技术人员和农户的技术与文化水平，采用文字与图示相结合的简单易懂的表达方式，辅以大量照片和三维模型，方便读者使用。

本书图文并茂，简单明了，通俗易懂，使用便捷，是既有村镇住宅改造的必备的技术手册。适于农民、村镇技术人员、各级村镇建筑设计人员及村镇管理部门等不同层级的使用者使用，同时使用者可根据自己的需求，有目的、有选择的阅读此指南。

参加本书写作的还有王秀萍、王健、王斌、杨真、李新欣、邵腾、赵丽华、刘小妹、陈琳、张莹、侯拓宇、彭涛。

在本书的写作过程中，课题组走访调研千余户村镇居民家庭，覆盖了全国 22 个省、4 个直辖市、3 个自治区，调研过程中受到一些地方政府的帮助和支持，同时许多学生志愿者加入到调研的行列，在此向他们表示衷心的感谢！

目　录

第1章 村镇住宅使用功能改善技术

1.1 村镇住宅使用功能基本要求

村镇住宅是供村镇居民居住使用的建筑，住宅使用功能的优劣直接影响着村镇居民的居住舒适度。随着村镇居民生活水平的提高，对住宅使用功能的需求也随之发生变化，使之从原来的"住得下"向"住得好"的趋势发展。因此，对既有村镇住宅的使用功能进行与时俱进的改善研究是非常必要的；对于建设新农村，改善村镇居民居住环境，提高村镇居民生活水平，促进和谐社会的发展有重要意义。

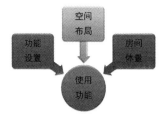

图1-1 使用功能的组成

住宅的使用功能主要由以下三方面因素决定：功能设置、空间布局以及房间体量（图1-1）。

1.1.1 功能设置

村镇住宅功能是村镇居民基本生活需求的反映，这些需求包括：会客、家人团聚、休憩、学习、就餐、炊事、盥洗、便溺、贮藏等等。为了满足这些需求就必须有相应的功能空间去实现，住宅包含的功能空间越完备，越能为居住者提供优质的生活品质和舒适的居住环境。

由于村镇居民的生活习惯和经济条件与城市不同，其住宅的功能与城市住宅也存在很大的差别。传统村镇住宅功能较为单一，仅具备休息、休闲、炊事等基本功能。随着经济的快速发展，村镇居民的生活水平也进一步提高，原有的功能已远远不能满足现代村镇居民的生活需求，村镇居民对住宅使用功能的需求逐渐趋同于城市住宅，如起居室、书房、餐厅、卫生间等城市住宅所具有的功能空间开始被纳入村镇居民的需求。

村镇住宅的功能空间设置可划分为居住空间、厨卫空间和辅助使用空间三大部分（图1-2）。

1.1.1.1 居住空间

居住空间系指卧室、起居室（厅）空间。居住空间的功能划分，既要考虑村镇居民集中活动、接待亲友的需要，又要满足村镇居民分散、私密活动的需求。

图1-2 功能设置示意图

图 1-3 兼具起居室功能的
卧室

图 1-4 单一功能的卧室

图 1-5 传统住宅厅堂[①]

图 1-6 现代住宅客厅

（1）卧室

卧室是供居住者睡眠、休息的空间。在村镇住宅中，卧室的使用频率及其功能远比城市住宅复杂。传统村镇住宅中卧室除了是睡眠休息的场所外，还是接待访客、款待朋友以及家庭成员就餐的场所，面积一般较大（图 1-3）。随着时代的进步，其卧室的功能也逐渐趋向于单一化（图 1-4），更具私密性。

（2）起居室

起居室，又称客厅，主要功能是满足家庭公共活动，如会客、娱乐等。根据使用性质可将起居室分为两类：一类与村镇传统住宅中厅堂的概念相似（图 1-5），是接待宾客、举办喜庆活动、家庭对外活动的公共空间，它所需的面积较大，是村镇住宅中重要的功能空间；另一类是供家庭成员内部活动的公共空间（图 1-6），其面积与第一类相比稍小，通常布置沙发、茶几、电视等家具、电器，是为居住者提供休闲娱乐活动的场所，这类起居室常常还作为住宅的中心来组织其他功能空间。

1.1.1.2 厨卫空间

厨卫空间的优劣对住宅的功能与质量起着关键作用。厨卫平面布置涉及操作流程、人体功效学以及通风换气等多种因素。

（1）厨房

厨房是供居住者进行炊事活动的空间。我国各地村镇住宅的厨房在功能布置上存在着很大差异，如图 1-7 和图 1-8 所示，这是由于居民的文化传统、生活方式以及燃料结构的不同而产生的格局。

（2）卫生间

卫生间是供居住者便溺、洗浴、盥洗等活动的空间。在村镇住宅中，卫生间按其所在位置可分为室外旱厕（图 1-9）和室内卫生间（图 1-10）两种。我国部分村镇市政公共设施不完善，没有配套的给水、排水设施，村镇居民一般采用传统的室外旱厕。而在经济发达、基础设施建设好的村镇，新建住宅通常设置室内卫生间。

图 1-7 以燃气
灶为炊具[②]

图 1-8 以灶台为炊具

图 1-9 室外旱厕

图 1-10 室内卫生间

---

① http://www.chinapeng.com/?feed=rss2&cat=3.
② http://www.beihai365.com/viewthread.php?tid=286978.

图 1-11　餐厅与起　　图 1-12　餐厅与卧　　图 1-13　餐厅与厨房合用
居室合用　　　　室合用

图 1-14　炕桌①

（*a*）室内储藏间　　　（*b*）室外仓房一　　　（*c*）室外仓房二

图 1-15　储藏空间示意图

图 1-16　室外阳台②

1.1.1.3　辅助使用空间

（1）餐厅

独立设置的餐厅在村镇住宅中较为少见。传统村镇住宅中，餐厅常与起居室、卧室、厨房等功能空间合用（图 1-11～图 1-13）。北方传统住宅中，农户在炕上就餐，因此也产生了相应的家具——炕桌（图 1-14）。但随着人民生活水平的提高，村镇居民对就餐空间的质量也提出更高的要求，设置独立的餐厅已成为现代村镇住宅设计的必然趋势。

（2）储藏空间

储藏空间（图 1-15）是供居住者存储物品的空间。对于村镇居民来说储藏空间是非常必要的，他们需要较大的空间用于放置生产劳动工具以及储存大量农副产品等。

（3）阳台晒台

阳台是供居住者室外活动、晾晒衣物等的室外、半室外空间（图 1-16）；晒台是供居住者晾晒谷物、休闲娱乐的上人屋面或住宅底层地面伸出室外的部分（图 1-17）。阳台、晒台还可以为居住者提供观赏街景、休闲纳凉等功能，为村镇居民生活提供便利。

图 1-17　屋顶晒台③

---

① http://image.baidu.com.

② http://www.fjmarry.com/news/13144/1.html.

③ http://www.kinasoft.com/bbs/viewthread.php?tid=1970.

图 1-18　室内水平交通空间

图 1-19　室内垂直交通空间

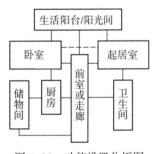

图 1-20　功能设置分析图

（4）水平交通空间

水平交通空间（图 1-18）多指门斗、走廊、过道等，是各功能房间的联系枢纽。其目的是避免房间穿套，集中设置开门位置，减少起居室墙上开门数量。

（5）垂直交通空间

垂直交通空间在村镇住宅中主要指楼梯间（图 1-19），是用于联系住宅上下层之间的空间。

1.1.2　空间布局

空间布局指住宅各功能空间的布置与组合方式。在进行村镇住宅设计时，不同功能空间有其特定的位置要求，各功能空间应有机地组合在一起，共同发挥作用，创造舒适的居住空间，各空间的功能关系如图 1-20 所示。由于受村镇住宅使用面积的限制，有时会产生多功能重叠的情况，也就是说在同一空间内具有多种功能，这就要求功能之间应尽量避免交叉干扰，以免影响到其他功能的发挥。

1.1.2.1　功能分区

功能分区是指根据每个功能空间的使用性质、使用对象、使用时间和使用频率等因素，将房间进行合理布置，以免出现不同性质或要求相差较大的空间距离较近，形成交叉干扰。

（1）公私分区

公私分区是指将空间按照使用功能的私密程度来划分，还可以称之为内外分区。人在某一空间的活动范围越大，成员越多，则该空间的私密程度越低，而其开放程度越高[①]。空间私密性应同时满足生理私密和心理私密两个层级，既要保证视线、声音等有所间隔，又要使居住者得到心理私密的满足感。

按照由私密到公共的层级递增，可以分为私密区、半私密区、半公共区和公共区四个层次[②]，如图 1-21 所示。由于村镇住宅功能较为单一，可以简化为两个层次，即私密区和公共区（图 1-22）。私密区主要功能空间为卧室，公共区为起居室、厨房、餐厅、门厅、卫生间等。

（2）动静分区

动静分区是指将功能空间按照使用时间来划分的，也可以叫时间分区[③]。按照一般的设计认知，门厅、起居室、餐厅、厨房、服务阳台等属于住宅中的动区，使用时间一般为白天和部分晚上时间；卧室、书房等为静区，私密性较强，多为晚上使用（图 1-23）。

动区人员走动频繁，公共性强，使用人群包括家人和访客，展示性强；静区服务人群主要是家人，用于学习、休息。如图 1-24 所示为一村镇住宅，住宅将静区——两间卧室集中布置在住宅的右侧，与锅炉间、厨房、餐厅、起居室、卫生间等动区分隔开来，动静两区干扰较小。

（3）洁污分区

洁污分区主要是指将宅内有烟尘、烟气、污水和垃圾等污染物的区域与清洁区域的划分（图 1-25）。洁污分区对于村镇住宅尤为重要。

村镇住宅的洁区包括卧室、起居室等，污区则包括入口、厨房、卫生间、仓储用房等。入口是入户的第一个空间。村民带着尘土污物从外面归来，尤其雨天时村镇道路泥泞，村民所携带的污物更多，需要在入口空间完成去除污物的过程，一些农机农具的储藏库应靠近出入口布置，避免污区深入到室内。卧室、起居室等洁区则应尽量布置在平面图中交通流线终端的位置，与污区保持一定距离。

如图 1-26 所示为某村镇住宅，该住宅将储藏间、厨房、

图 1-21 空间私密性序列示意图

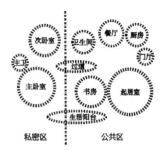

图 1-22 私密区与公共区功能示意图

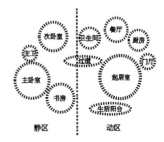

图 1-23 动静分区示意图

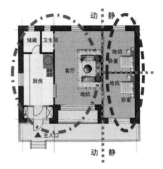

图 1-24 某住宅动静分区示意图

---

① 朱昌廉.住宅建筑设计原理.中国建筑工业出版社.1999.

② 同上。

③ 同上。

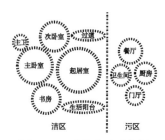

图1-25 动静分区示意图

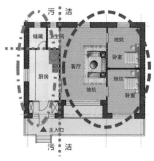

图1-26 某住宅洁污分区
示意图

（a）卧室与卧室穿越，流线交叉

（b）流线无交叉

图1-27 流线示意图

图1-28 村镇住宅的外窗

卫生间等污染较大的区域集中布置在住宅西侧，而将较为清洁的卧室、起居室等功能空间集中布置在住宅东侧，减少了污区对洁区的污染和干扰。

1.1.2.2 流线组织

流线是影响住宅使用舒适度的一个重要因素，住宅室内流线应短而便捷，保证各功能空间的完整性，避免流线交叉。但由于传统村镇住宅缺乏专业设计，在功能的布置上往往会出现卧室与起居室、厨房与起居室、厨房与卧室流线穿插的现象，如图1-27中（a）所示，影响使用舒适性。图1-27中（b）为改造后示意图，住宅内流线明确，功能无穿插，使用起来方便、快捷、舒适。

1.1.2.3 通风组织

住宅内通风组织是评价住宅空间组合质量的另一重要标准。自然通风可以增加居住者的舒适感，有助于健康，也利于缩短夏季空调器的运行时间。住宅能否获得足够的自然通风与通风开口面积的大小密切相关。一般情况下，当通风开口面积与地面面积之比不小于1/20时，房间可获得较好的自然通风（图1-28）。

此外，自然通风不仅与通风开口面积的大小有关，还与通风开口之间的相对位置密切相关。在住宅设计时，除了满足最小的通风开口面积与地面面积之比外，还应合理布置通风开口的位置和方向，有效组织室内外空气流通以达到理想的自然通风效果。

1.1.3 房间体量

房间的体量一般包含房间面积、形状和尺寸等三个基本方面。

1.1.3.1 房间面积的确定

房间面积的大小，主要由该房间的使用方式、使用人数、家具及设备的尺寸、数量决定。房间的面积可以分为以下三个部分：

1）家具及设备所占用的面积；

2）人在室内活动所需要的面积；

3）室内的交通面积。

在村镇住宅中，各房间的面积大小除应满足上述要求外，还应满足村镇居民的舒适性、精神层面的需求以及当地风俗文化等要求。

1.1.3.2 房间形状的确定

房间形状的确定，受多种因素的影响，主要是由室内使用活动的特点、家具、设备的类型及布置方式，采光、通风等使用要求所决定的。在满足使用要求的同时，还要考虑结构、构造、施工等技术的合理性和人们对室内空间的观感等重要因素。

村镇住宅的房间形状以矩形平面布局为宜。矩形平面的住宅体形简单，墙面平直，便于家具和设备的安排，室内面积能充分利用，平面组合有较大的灵活性，能充分利用天然采光，较经济。同时矩形平面结构布置简单，便于施工，有利于统一开间、进深。矩形平面的长宽比例关系一般不宜超过 1:2。

1.1.3.3　房间尺寸的确定

房间尺寸是指房间的开间和进深。开间是指建筑物房间内相邻两横墙的定位轴线之间的距离，进深是指建筑物房间内垂直于开间方向的深度尺寸。在确定了房间面积和形状之后，确定合适的房间尺寸就是一个重要问题了。在同样面积的情况下，房间平面尺寸可多种多样。开间和进深的确定应考虑房间内人的活动特点及其要求，家具的布置及其相互关系，以及采光通风等技术要求和视觉方面的需求。同时，还要考虑结构布置的合理性和方便施工以及符合建筑模数协调统一标准的要求。

1.2　村镇住宅使用功能改善原则

针对既有村镇住宅的功能改善，可以从诸多方面设计和施行。但是总的来看，应该遵循以下三个原则：第一，以人为本，宜人适居；第二，因地制宜，经济适用；第三，尊重自然，环保生态。其中，以村镇居民为本是基本的主导思想，以村民的居住需求、具体特征和生活习惯为根本，同时注重当地特有的文化传统，以保留和发扬本土精神为依托，最后注重住宅改善的可持续性，用发展的眼光看待功能改善，不拘泥于一时一地的限制，以阶段性长远的视角来看待问题，实现生态住居与经济效益的双赢。

1.2.1　以人为本，宜人适居

"以人为本"是建设新农村的出发点和落脚点，是激发村镇居民群众建设新农村的强大动力，是保证新农村建设健康发展的根本原则。建设社会主义新农村是一项前无古人的伟大事业，同时也是一项情况复杂、任务艰巨的社会系统工程，因此应把"以人为本"落实到新农村建设的全过程。

"以人为本，宜人适居"体现在村镇住宅上就是要创造舒适的居住环境。对于任何住宅功能的改善都要以提高使用主体的舒适度为前提，包括卧室、起居室、餐厨、卫浴等具体功能空间改善和整体居住环境质量的改善。住宅的舒适应该主要包括生理舒适和心理舒适两个方面。其中生理舒适又包括热舒适、声舒适、光舒适等方面。人的一生有80%以上的时间是在室内度过的，室内环境品质如声、光、热等对人的身心健康、舒适性感觉以及工作效率都会产生直接的影响，其中热环境因素的影响程度最为显著。

1.2.2　因地制宜，经济适用

我国地大物博，从南到北，从东到西，自然地理环境差异巨大，经济技术条件更是相差悬殊。我国多数地区的农村经济技术发展滞后于城市，村镇地区的一般特点是人口密度、科技文化素质、生产集约化程度和经济承受能力低。住宅建设是以户为单位、亲帮亲、邻帮邻的手工建造方式完成的。因此，相当多适合城市的住宅建造技术和产品无法直接在村镇得到应用和推广，城市住宅建设的先进技术并不适于村镇住宅。可见，发展村镇住宅建筑技术一定要因地制宜，走出简单复制城市的模式。我国村镇居民在长期的建筑实践中，积累了大量的建造经验，创造了许多独具特色的适用技术，至今仍广为使用。因此，只有与当地传统的低技术相结合，研发出与当地生产力水平相适应的建造技术，才具有生命力。

由于各个地方的经济条件不同，要因地制宜地进行规划与建设，提高规划的科学性、可行性。坚持从实际出发，充分考虑村镇居民的承受能力，既要坚持节约和集约使用土地这个基本原则，又要方便村镇居民生产生活和体现村镇特点，统筹兼顾、合理布局、互相配套。要利用各地区的资源优势，尽量采用当地材料进行住宅建设。例如采用农作物的废弃物作为墙体材料，不仅材料来源丰富，而且具有较好的保温效果，经济适用性强，具有较广阔的发展前景。

由于大多数村镇居民的经济收入相对较低，生活条件相对落后，在进行住宅建设时，我们要充分考虑他们的经济能力，设计出结构合理、经济适用、造价低廉、方便生活的经济适用型住宅。

1.2.3　尊重自然，环保生态

当前农村生态环境破坏严重，环境污染，资源浪费，乱垦、乱伐、乱建现象时有发生。村镇居民生态意识、环保意识淡薄，不知尊重自然、合理开发和利用自然。因此，政府亟须建立相关法规，科学规划与设计住宅，保护环境，以促进村镇住宅的可持续发展。

建设"尊重自然、环保生态"的新农村意在寻求自然、建筑和人三者之间的和谐统一，即在"以人为本"的基础上，利用自然条件和人工手段来创造一个舒适、健康的生活环境，同时又要控制对自然资源的使用，实现向自然索取与回报之间的平衡。

调查发现，我国村镇住宅中采取节能措施的不到 3%，黏土砖的大量使用，对环境造成较大的破坏。住宅舒适性极差，北方供热设备效率低。京津、河北省自制土暖气的使用率超过 50%，但其供热效率多仅为 40%；空间布局设计的不合理、对能源的不合理利用、村民的节能意识不强以及设备的落后是造成这种现状的主要因素。

因此，针对村镇住宅的功能改善，要重视村镇住宅的可持续发展，重视使用者的长远利益，充分挖掘利用可再生的能源，重视围护结构的改造设计，重视具体功能空间的适宜性环境的创造，与自然和谐共生。

1.3　村镇住宅使用功能改善方法

1.3.1　改善途径分析

住宅是人们日常生活的重要场所，而户型的好坏、功能设置是直接影响住宅品质的重要因素，是高品质住宅的灵魂。对既有村镇住宅使用功能加以改造，应从完善功能设置、优化空间布局以及控制房间体量等几方面入手。完善的使用功能是满足居住者使用需求的基础。

传统村镇住宅，如图 1-29（a），功能单一，布局不合理，功能不齐全，没有设起居室和卫生间，住宅呈简易状态，仅能满足居住者最基本的生活需求，严重地影响村镇居民生活质量的提高和生活条件的改善。这种类型的住宅已经不能适应当今社会的发展，有条件的居民都希望能够改变居住现状。近年来一些新型村镇住宅使用功能受到广大村镇居民的青睐，如图 1-29（b）。

随着村镇居民的生活水平不断提高，对居住条件也提出了更高的要求。因此在村镇住宅平面功能设置及其布局上，应根据我国村镇的具体情况，满足不同层次村镇居民的需求，还应

（*a*）功能单一的传统村镇住宅

（*b*）功能齐全的新型村镇住宅

图 1-29 新旧村镇住宅平面

考虑以下几个方面：

（1）满足生产与生活的不同要求，平面户型类型多样化。

随着生产模式的多样化，村镇居民的经济收入也出现了差距，对居住条件的要求出现差异，所以在户型设计上应有大、中、小之分，以满足不同人口构成和经济条件的需要。既要有适合于收入较低村镇居民居住的经济适用型户型，也要有为一部分较富裕的村镇居民居住的康居舒适型户型，以及满足村镇居民特殊需求的豪华型特色住宅。同时，还要考虑少数民族居民的需求。

（2）突破传统格局，使生产与生活空间分离、空间布局紧凑、功能分区合理，力求村镇居民居住更加舒适方便。

（3）适应现代生活方式，完善功能空间，设置独立的起居室、书房、餐厅等空间。

（4）利用新技术，进行改厕、改厨。改变原有室外旱厕的形式，将卫生间纳入到住宅的平面功能布局中来；采用新的燃气技术，使厨房更加整洁、卫生。

（5）满足节能要求，充分利用太阳能、沼气、生物能、风能等可再生能源。通过合理的空间布局和体量组合形式，达到节能的目的。

1.3.2 完善居住功能

1.3.2.1 卧室

所谓居者有其屋，在住宅设计层面上，"住"是第一位的，因此，卧室是居住建筑设计的核心。在传统村镇住宅中，卧室占据极其重要的位置，不仅是睡眠的场所还兼具起居、就餐、做编织缝纫等家务活动的功能，村镇居民的日常行为基本都在卧室中进行。但随着村镇居民生活水平的提高，村镇居民对住宅功能提出了更高的要求，卫生、炊事、用餐、起居等功能逐渐被分离出去，住宅开始向"大客厅小卧室"的模式发展。

理想的卧室是为村镇居民提供睡眠、让人放松的私密空间。村镇住宅通常有一至数间卧室，根据使用要求和等级又可分为：主卧室、次卧室等；而按照具体使用者的年龄层次可分为老人卧室、中年人卧室和儿童卧室等。每种类型都有其改造的特殊要求，卧室功能改善时主要应从以下几方面考虑：

（1）卧室的功能

卧室应以提供就寝、更衣等私密活动为主。卧室应具备直接采光、自然通风，从而为村镇居民提供健康、舒适、私密的睡眠和休息空间。

（2）卧室的位置

1）卧室应尽可能布置在南向，以便获得日照。

2）卧室是整个住宅中私密性最强的空间，因此要保证其绝对的私密性。应避免公共区域与卧室无遮挡连通，造成视线干扰，同时卧室之间不应穿越，条件允许时可增加专用卫生间。

3）村镇家庭中多代同堂的现象十分普遍，养老问题是农村社会的普遍问题。老人卧室应尽量布置在离出入口较近的位置，便于老人出行。在传统文化中，"东"为上，因此居于住宅建筑东侧的卧室一般为老人卧室。而老人卧室又大都有火炕，则与此相关联的灶台或厨房也将居于住宅的东或偏东侧，这样的限制条件就决定了住宅大半部分的格局，如图 1-30 所示。与此相比，以家用小型锅炉采暖的住宅平面则可以有更自由的布置方式，其卧室布置也更不受约束。

（3）卧室的体量

面积指标是衡量卧室性能的一个重要参数。村镇住宅的卧室面积通常大于城市住宅，这是由于村镇居民的生活习惯与城市不同。我国住宅设计规范 GB50096-1999（2003 年版）规定，双人卧室面积最小值为 10 平方米，单人卧室面积最小值为 $6m^2$，兼有起居功能的卧室面积最小值为 $12m^2$。虽然住宅设计规范没有规定上限值，但根据一般的设计常识我们知道，不合理的面积过大将带来很多不必要的浪费，城市住宅的双人卧室一般在 $12{\sim}15m^2$ 之间。从我们调查得到的数据（图 1-31）来看，村镇住宅的卧室面积有 45.5% 在 $10{\sim}20m^2$ 范围内，有 30.9% 在 $20{\sim}30m^2$ 范围内，超过 10% 的住宅卧室面积在 $30m^2$ 以上，存在严重的面积浪费现象。

村镇住宅卧室的长宽比不宜大于 1：1.5，常住卧室面积不应小于 $10m^2$，有条件者可适当加大，但不宜大于 $25m^2$，单人卧室面积不应小于 $8m^2$。

（4）卧室的家具布置

家具移动性强，村民对其缺乏足够的重视。合理布置家具、合理利用卧室内部空间，是在村镇住宅改善方面最容易实现的措施之一。

图 1-32 为主卧室尺寸和家具布置示例。寝具作为卧室的主要家具，影响着卧室家具的布置方式。由于住户的习惯、爱好不同，主卧室应能提供住户多种寝具及寝具位置布置选择，其房间短边净尺寸不宜小于 3000mm。

图 1-33 所示为单人卧室不同寝具的布置示例，其短边最小净尺寸不应小于 2700mm。

图 1-30　村镇住宅的基本格局

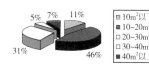

图 1-31　村镇住宅卧室面积调查

图1-32 主卧室尺寸与寝具布置示意图　　图1-33 单人卧室尺寸与寝具
　　　　　　　　　　　　　　　　　　　　　　　　　　布置示意图

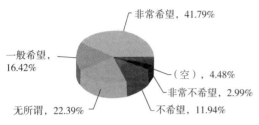

图1-34 起居室设立意愿调查

1.3.2.2 起居室

起居室的概念在前文中已经涉及，主要为家庭成员交流、娱乐、团聚会客等活动所使用。起居室在村镇住宅中扮演着越来越重要的角色。传统的住宅中是没有起居室的概念的，只有一个叫做堂屋的空间。堂屋同时甚至还承载着交通、厨房、餐厅等多种功能，与城市住宅设计中的起居室概念相差较大。在一些以小手工制作为经济来源的村镇家庭中，堂屋同时也是生产操作间。但是随着村镇居民生活质量的提高、空间私有属性和公共属性的界定，起居室这个作为公共属性的空间也逐渐走进了人们的视野。我们的调查显示（图1-34），超过一半的居民希望有独立的起居室供家庭成员集体使用。可见，居民对于设立起居室，是持赞同态度的，这在进行功能改善时，也是首要的考虑因素。

从调研的资料来看，有相当一部分居民已经设置了起居室，可分为以下两种情况：（1）将传统式住宅中的堂屋面宽加宽，使其开间不小于卧室的开间，能放置沙发、电视等生活用具，如图1-35（a）；（2）户主经过自己的设计，使起居室居于套型中一定的位置，与其他功能形成一定关系，其开间和进深并不注重一定规格，比较自由，如图1-35（b）。

起居室由于使用时间长、使用人数多，不仅要求开敞明亮，有足够的面积供家具布置，以便集中活动，同时还要与室外空间（庭院、阳台等）有着较为密切的联系。对起居室进行功能改善时需要考虑以下几个方面：

（1）保持相对独立性　虽然该空间为开敞空间，无私密性可言，但同样也要避免成为交通空间，削弱其功能空间的使用功效。村镇住宅中比较常见的问题是把堂屋（即起居室）空间作为走道使用，起不到使家庭成员团聚的效果。

（2）有利于布置家具　起居室内至少有一面墙的长度需达到3m以上，能布置电视等电器、家具；开向起居室的卧室门，

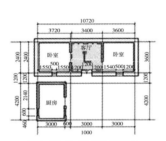

（a）堂屋加宽成为起居室

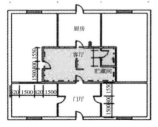

（b）经过设计考虑的起居室布置
图1-35 村镇住宅中起居室
的设置

应注意避免开门时直视卧室内部，卫生间的门不宜直接开向起居室。如图 1-36 中（*a*）所示，客厅墙面被卧室、厨房的门打断，不利于布置家具；图 1-36 中（*b*）客厅墙面连续完整，家具可集中布置，节约空间，使用方便。

（3）强化空间氛围　起居室为家庭聚会场所，应该保证温馨、惬意的空间感受，尽量设置在南向，应具备直接采光和自然通风的条件，且视野开阔。若视野方向结合庭院的菜园和花园设计，则效果更好。如图 1-37 所示为黑龙江大庆地区新农村住宅起居室，阳光充足，效果较好。

以吉林某农村住宅为例做进一步说明（图 1-38）。该住宅属于典型的温饱型二室户住宅，三开间平均布置，两侧卧室均为火炕供暖，中间开间前部划出一小部分区域作为堂屋，后部为厨房双灶台对称布置。该布局最大的问题为起居空间过于局促，并不能作为起居室使用，只能算作是隔离厨房污染的一个前室，因此改善的重点就是将起居空间扩大，灶台转到东北角，供东侧卧室保留火炕供暖习俗，同时将起居空间后面的空间作为餐厅，必要时可在厨房处开北门，便于薪柴煤炭等污染源进入建筑。

（4）适宜的空间尺度　起居室的设置在我国经历了从卧室兼起居室，而后分离出小方厅（过厅），再到独立起居室的过程，这与住宅面积标准的变化有着密切的联系，也说明了人们对起居空间的要求越来越高[2]。起居室最基本的家具有沙发、茶几、电视柜机、储物柜，有的还兼具餐厅使用，布置餐桌椅等。由于村镇住宅的起居室空间需满足家庭聚会、待客等要求，故需要留出足够的活动空间。

起居室的平面尺寸与住宅整体面积的大小、家庭人员的多寡、家用电器摆放的适宜距离以及空间感受有关[3]，村镇住宅中起居室的面积宜大于 20m²，其短边净尺寸宜在 3.3~4.5m 之间，房间平面长宽之比控制在 1：1.5 之内，避免给人造成狭长感（图 1-39）。

1.3.2.3　厨房

厨房是村镇住宅中最重要的辅助房间，它对住宅的整体功能和质量的作用十分突出。传统农家在农闲时节，除了卧室，一天时间中接触最多的就是厨房，大部分家务劳动都是在厨房进行的。因此，厨房的空间设计、家居布置和设备设施的安排也越来越重要。

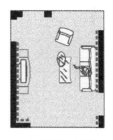

（*a*）分散墙面家具布置示意图

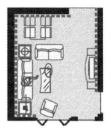

（*b*）连续墙面家具布置示意图

图 1-36　起居室连续墙面对家具布置的影响

图 1-37　大庆地区新农村住宅起居室

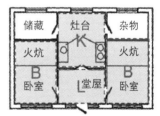

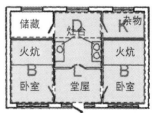

图 1-38　吉林某住宅（上：原住宅平面；下：改善方案）[1]

①　周景石.吉林平原地区农村适宜性住宅模式研究 [D].西安建筑科技大学,2008.
②　http://www.chinapeng.com/?feed=rss2&cat=3.
③　朱昌廉.住宅建筑设计原理.中国建筑工业出版社.1999.

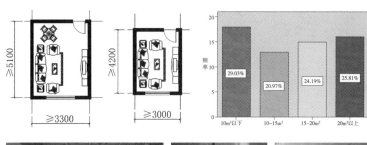

图 1-39 起居室家具布置示意图（左）

图 1-40 村镇住宅厨房面积调查（右）

图 1-41 厨房自然采光窗的设置

厨房的面积指标是衡量厨房性能的重要参数之一。从我们的调查数据（图 1-40）来看，我国村镇住宅的厨房面积呈现的特点十分明显，约 1/3 的面积居于 $10m^2$ 以下。

厨房是村镇住宅中极具乡村特色的功能空间，城市住宅对厨房的设计要求不适于农村住宅，其功能改善应注意以下几点：

（1）厨房应具有直接采光和自然通风的条件。自然采光和通风能够有效的提升厨房功能房间在使用中的舒适度。村镇住宅厨房的采光应按照《住宅建筑规范》（GB50386）中所要求的窗地比不小于 1/7，以保证有效的采光面积（图 1-41）。

（2）厨房除设置排烟设施外，还应设置供房间全面排气的自然通风设施。严寒、寒冷地区冬季室外温度较低，厨房的外窗一般不会打开，室内空气质量受烹饪产生的烟气影响较大，应设置排烟系统，将烹饪产生污浊的空气排除室外。

（3）厨房设施功能的布置应尽量符合厨务三角关系，方便使用；按照贮藏、清洗、切菜、烧菜的工艺流程布置厨具设施。

（4）厨房宜设置独立出口，或在接近厨房位置设置出入口（图 1-42）。这是由于村镇住宅烹饪和供暖的燃料多为煤、柴、秸秆等，搬运这些燃料进出房间时易对其他功能房间的环境造成污染，干扰其他功能房间的正常使用。同时，村镇居民一般将粮食放置在室外的仓房中，在烹饪的过程中需要经常出入室内外。

（5）以煤、柴、秸秆为炊事、供暖燃料的厨房，应考虑设置燃料储藏空间。

（6）采用锅炉采暖的村镇住宅应设置锅炉间，将锅炉与其

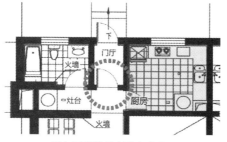

图 1-42　厨房出入口设置

（*a*）厨房具有独立出入口　　　（*b*）厨房附近有独立出入口

他功能房间分隔开。因为锅炉在工作中易对室内环境产生影响，同时锅炉间可以存放锅炉需要的燃料（图 1-43）。

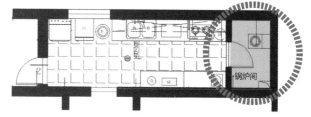

图 1-43　锅炉间设置示意图

关于厨房更进一步的改善和提升技术，见第 2 章中第 2 节。

1.3.2.4　卫生间

农村住宅的卫生设施绝大多数为室外旱厕。随着村镇居民生活方式的改变以及社会经济水平的提高，传统的卫生设施因存在卫生条件差、使用不便捷、环境影响大等诸多问题，逐渐显露出被室内卫生间取代的趋势。对于室内卫生间功能的改造与完善，主要从增设室内卫生间和完善已有卫生间两个方面进行：

（1）对于大部分目前仍在使用旱厕的家庭来说，改善时所面对的最大问题是如何将卫生间设置在室内。在住宅能保证供水完备的情况下，解决该问题目前有两个方案：一是通过设置室外独立渗井，将便溺等统一排入渗井并进行定时的清理；二是与村镇的排污管网结合，从室内通过管线连接入村镇统一规划的排污管道中。

（2）对于没有条件加设室内卫生间的农户，应集中改善室外旱厕，首先从对污物的处理入手，充分利用粪便的资源优势做生态化处理，可利用简易设施实现粪尿分离、做沼气池处理。其次，应整治环境，如喷洒农药以消除蚊蝇等害虫的影响，加入室外冲水设施将粪便即时排走。

关于卫生间进一步的改善和提升技术，详见第 2 章中第 3 节。

1.3.2.5　仓储空间

仓储空间（包括工具间等）是村镇住宅区别于城市住宅最显著的特色。村镇居民工作和生活的特殊性决定了仓储空间在村镇住宅中不可或缺的位置。广义上讲，室内仓储空间一般用于存放的物品有：家庭生活必需品，诸如粮食、蔬菜、废弃的家居用品等；同时存放的还有作物耕作用具，诸如锄头、铁锹等；另有一些家庭产业的农户，会存放产业用品，比如养鸡专业户用于存放养鸡饲料等。

仓储空间不仅包括室内空间，还有一些室外空间如杂物院、楼梯底下的空间、阁楼、平台等等。可以根据不同的经济发展水平，制定适合当地情况的多个标准，供将来的新农村建设选用。在进行改善设计时可考虑室内和室外仓储空间的结合，合理搭配，取得最优的使用效果。

仓储空间的面积大小应根据储藏的物品和使用者的需求，可在室内分隔出储藏室，可依附住宅主体搭建储藏空间，也可在院落内建独立仓储空间。新建仓储空间应避免影响原有住宅的采光通风、出入安全和使用便利。扩展储存空间面积的方法有：

（1）在原有住宅的基础上，通过重新分配各个功能的面积来加大储藏空间。这种方式较为安全，不会破坏原有住宅主体结构稳定性和安全性，但是会缩小原有住宅其他功能性房间的面积。

（2）依附原有住宅主体结构新建储藏空间。这种方式较为常见，但要注意在加建的过程中不要破坏原有住宅主体结构的稳定性和安全性。北方寒冷地区最好将仓储空间毗邻在主体建筑北向或者东西向，可形成具有一定效果的温度阻尼区，在冬季时起到加强主体居住部分保暖的作用。

（3）新建独立储藏空间。在院落内适宜的位置新建的独立储藏空间，应保证其体量与位置不影响原有住宅的采光、通风以及正常使用的安全性和便利性。

1.3.3　优化空间布局

随着时代变迁，传统村镇住宅的弊端慢慢地显露出来。分析其产生的原因，一方面是因为传统村镇住宅建造年代久远，功能设置与功能布局已经不能满足现代村镇居民的需求，亟待改造；另一方面是因为传统住宅绝大多数没有经过专业人员的设计，平面布局大多是建造者根据自己的意愿设计或是仿照他人的房屋建造而成的，这就造成很多村镇住宅在功能布局上的诸多缺陷，亟须改善。

1.3.3.1　居住核心模式的转变

现代快节奏的生活正在悄然地向村镇地区渗透。现代村镇居民已经不再是只知耕地种田而不闻其他世事的单一的村镇居民身份。他们正在以多元的工作身份参与到社会的多种经济活动之中。生活节奏的加快，使他们不再有充足的时间和家人相处，白天他们出去工作，晚上回到家里充分地享受和家人在一起的其乐融融的氛围。因此，单纯以院落作为家庭成员的沟通空间是不够的，"起居室"空间的概念则由此强化起来。

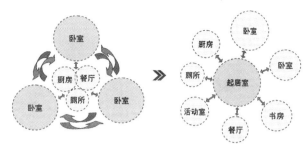

图 1-44　居住核心模式转变图解

另外，值得一提的一个方面是人们对卧室空间私密性认识的提升。卧室空间的绝对私密性能够给人带来一定的安全感，保证自己的隐私生活不被其他家庭成员打扰。传统村民的性格是率真而直接的，但随着他们普遍受教育程度的提高和生活认知的多元化转变，居住的私密性越来越受到重视，这也要求以卧室为中心的传统空间利用模式发生变革，转变到以起居室为核心的居住模式上来（图 1-44），实现以"寝"为核心向以"居"为核心的转变。

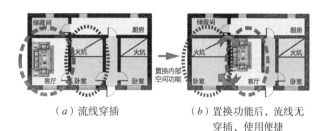

（a）流线穿插　　　　（b）置换功能后，流线无穿插，使用便捷

图 1-45　功能空间置换技术示意图

居住核心模式转变带来了对功能空间的再分配。传统住宅的卧室仅以方向和位置来区分主次，其开间和进深基本一致。转变后的居住模式，不再按照传统礼教的尊卑顺序布置功能空间，要求以起居为核心，依照具体功能空间的使用需求进行分配。

1.3.3.2　置换功能空间技术

置换功能空间是指在不改变住宅整体结构的情况下，通过调换或转换住宅内部功能，使功能合理、分区明确、流线清晰的技术措施。此方法并不能大幅度的增加住宅内部功能种类，也不可能改变住宅内各个空间的尺寸，但可以通过调整空间布局，使其合理。这种方法主要适用于房屋尺度合理，不需要进行大规模改造的村镇住宅。

如图 1-45 所示，原住宅卧室与起居室在流线上存在穿插，其他功能空间布局较为合理，各功能空间尺度适宜，可通过采用置换卧室和客厅的功能的办法，来改善住宅的功能。改造后的村镇住宅，流线顺畅，功能分区合理，且没有对住宅的结构产生不利影响。

功能空间置换这种改造方式投资少，见效快，施工方便，可以在一定程度上缓解住宅功能空间使用不合理的情况。

1.3.3.3　重组功能空间技术

重组功能空间是指在不改变住宅整体结构的情况下，通过重新组合空间格局，组织流线关系，以改善原住宅在功能布局、空间尺度或流线关系上存在的不足。通过这种方法可使各空间

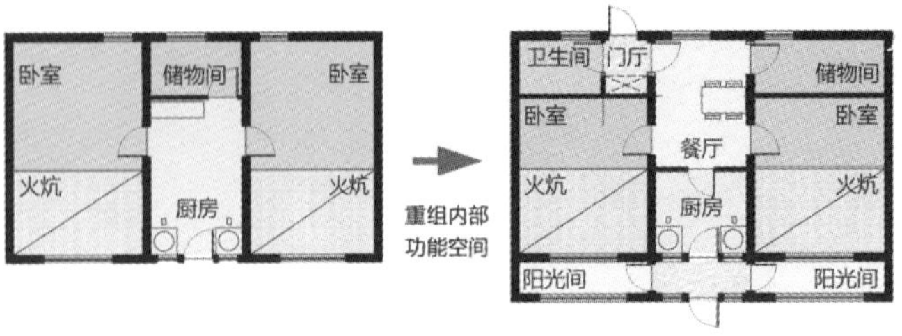

（a）功能较为单一，卧室面
积过大

（b）功能重组后，增加空间功能，
调整功能面积，使用舒适

图 1-46 功能空间重组技术示意图

尺度趋于合理、流线便捷，是住宅改造中常用的方法之一；主要适用于住宅结构完好、稳定性强，内部空间布局不合理，部分空间尺度不适宜的村镇住宅。

图 1-46 中（a）所示的村镇住宅平面具有很强的地域特色，是北方地区传统住宅的常见户型布置模式，这种类型的住宅年代久远，功能单一，仅能满足基本生活需要，在使用中存在诸多不便。通过适当增加隔断来重新划分各功能的面积，重组住宅内部功能空间（图 1-46（b）），不但增加了住宅内部功能，而且使得室内的流线清晰，使用方便。

功能空间重组这种改造方式投资相对较少，施工难度略大，可酌情增加功能类型，但由于受住宅原始结构体系的限制，并不能够做到完全的住宅内部功能扩展。

1.3.3.4 扩展功能空间技术

扩展功能空间主要适用于住宅结构情况完好、在功能设置上存在缺失的村镇住宅。目前一些村镇住宅由于年代久远，所具有的功能房间与现代住宅相比差距较大，已经不适合现代村镇居民的居住生活方式，居住者希望进行一些改造达到舒适需求。

扩展功能空间主要是通过在原有住宅的基础上加建、扩建功能房间，来填补原住宅在使用功能上的不足。

（1）水平空间扩展

水平空间扩展即在水平范围内，通过在住宅一侧、多侧或造型凹凸部位加建房间，以完善功能空间，增加住宅长度或进深，同时还可降低住宅的体形系数，达到节约能源的效果（图 1-47）。

如图 1-48（a）所示，此住宅结构稳定性良好，但功能严重缺失，仅具有厨房和卧室两个功能，无法满足生活需求。在这里对其进行功能扩展改造，通过在原"厨房"处加建一 4000mm×5400mm 的功能空间作为起居室或卧室使用，同时加建门斗，以利于冬季防风，也可用于储存蔬菜、杂物等。改造后的住宅，如图 1-48（b）所示，在功能上较为完整，可满足基本舒适的需求。

（2）竖向空间扩充

竖向空间扩充即指在垂直范围内，通过在住宅局部（图

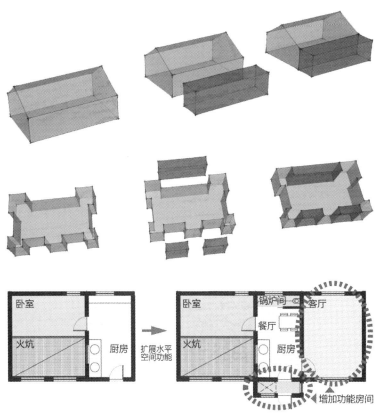

图 1-47　水平空间扩展示例图

| （a）原始平面图 | （b）水平空间扩展改造后平面图 | 图 1-48　团结村某住宅改
　　　　造示例 |

1-49）或整体（图 1-50）加盖一层来扩充功能,完善空间布局,
此外还可以减少体形系数,节约能源。但要注意的是,这项改
造技术对住宅原有的结构形式及其稳定性要求较高,在进行此
项改造前,应根据实际情况,请专家对住宅的结构稳定性和耐
久性进行综合评估,以免发生危险。

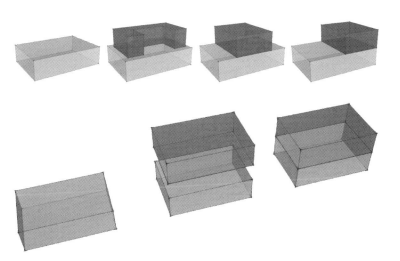

图 1-49　竖向局部空间扩
　　　　充示意图

图 1-50　竖向整体空间扩
　　　　充示意图

1.4 参考范例

1.4.1 改造住宅示例一

（1）基本情况

地理位置：黑龙江省大庆市林甸县胜利村；

居住人数：一家3口，2代人；

建造年代：20世纪90年代。

该住宅（图1-51，图1-52）属于北方典型的温饱型二室户住宅，三开间平均布置，两侧卧室均为火炕供暖，中间开间前部划出一小部分区域作为堂屋，后部为厨房双灶台对称布置。分析其不足之处：该住宅布局过于局促，前厅空间较小并不能作为起居室使用，只能算作是隔离厨房污染的一个前室；厨房的面积过大，造成空间浪费（图1-53）。

（2）改造方案

该住宅具有较多类型的功能，但各个功能之间相互交叉干扰，此外住宅还缺少现代生活必需的起居室功能，改造方案是通过在住宅内部进行功能调整以达到改造的目的，故通过整合功能空间的相关改造技术对住宅的功能进行改善（图1-54）。

1）调整厨房位置 将厨房布置在原杂物间处，可减少做饭时产生的烟气对室内环境的影响，同时将灶台转到东北角可保留供东侧卧室使用，保留火炕供暖习俗。必要时可在厨房处开设直接对外的出入口，方便将堆放在外面的薪柴、煤炭等燃料以及储存的食物搬入厨房。

2）扩大厅堂面积 原有的堂屋的功能性不强，其功能类似于门厅，无法进行家庭活动，将原有的厨房功能换走后，可顺势扩大起居室的面积，加长完整墙面的长度以利于布置家具等。

3）增加餐厅功能 将起居空间后面的空间作为餐厅，一方面增加了餐厅的功能，可不在起居室或厨房内进餐；另一方面，可将餐厅作为进入厨房的过渡空间，避免做饭、炒菜时产生的油烟污染卧室、起居室的空气。

改造后的住宅功能更合理，流线关系更明确，各个功能房间之间的联系更加密切，使用便捷，且投资较少，经济性好。

图1-51 黑龙江省大庆市林甸县胜利村住宅立面

图1-52 住宅内厅堂

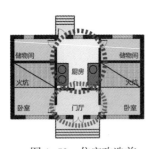

图1-53 住宅改造前

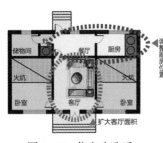

图1-54 住宅改造后

1.4.2 改造住宅示例二

（1）基本情况

地理位置：黑龙江省兰西县兰河乡拥军村；

居住人数：一家 4 口，3 代人；

建造年代：20 世纪 90 年代。

以黑龙江省兰西县兰河乡拥军村的典型住宅为例（图 1-55，图 1-56），住宅结构完善状况良好，功能较单一，厨房是该住宅的核心。分析该住宅的不足之处是：1）功能缺失。该住宅常住人口为 4 口，三代人，现有的两间卧室不能够为居住者提供舒适的居住空间，应增设一间卧室。2）冬季室内温度过低，冷风经常从北侧入户门渗入，影响室内温度。

（2）改造方案

对此类住宅进行改造应通过扩展功能空间的相关改造技术来进行，如图 1-57 所示：

1）加建卧室功能　在原有住宅的西侧加建一功能空间，作为卧室供家人居住，新增加卧室由客厅联系，功能布局紧凑，流线清晰，无穿插。

2）增建门斗　在住宅北侧出户门处增设门斗，其作用有二：一是为防止冬季冷风渗透，我国北方冬季寒冷，室内外温差大，增设门斗可以有效地防止冷风倒灌，减少室内热损耗，提高室内的热稳定性，节约能源；二是可作为小型储物空间，用以储存少量柴草、蔬菜等。

3）增设阳光间　在住宅的南侧设置阳光间，在冬季，关上阳光间的窗，其工作原理类似于大棚，能够有效地提高住宅室内温度 2~3℃；在夏季，打开阳光间的窗，形成自然通风，达到降温的效果，也可在阳光间的窗口外种植藤蔓植物，以遮挡阳光，有效阻止阳光射入，降低室内温度。

改造后的住宅，在使用功能上更加完善，分区明确，流线清晰，合理组织自然通风的同时，也达到了节约能源、降低能耗的效果。

1.4.3 新建住宅示例一——经济适用型农村住宅

在我国村镇，大多数村镇居民的经济收入相对较低，尤其是靠传统种植业生活的村镇居民。他们靠天吃饭，收入很不稳定，还要负担子女教育、医疗等费用。较低的生活水平使得他们对于住宅并没有更多的奢求，对他们来说，住宅只要满足基本的居住条件即可。所以供这一类人群居住的住宅应以经济、适用为基本原则。

经济适用型住宅具备以下特点：

（1）住宅面积在 70~100m²。

（2）户型设计以两室一厅为主，适合两代三口之家居住。

图 1-55　黑龙江省兰西县兰河乡拥军村住宅立面图

图 1-56　住宅改造前

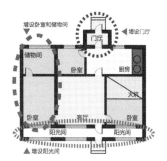

图 1-57　住宅改造后

（3）各功能空间较齐全，满足基本的生活需要，其中应设置起居室、卧室、厨房、卫生间、储藏室，房间尺寸满足基本使用要求。

（4）功能分区合理，布局紧凑，室内交通采用过厅／过廊，打破传统住宅中厨房作为联系空间的模式，房间之间不穿套，分区明确，减少干扰，增加私密性。

（5）在节能设计上，平面布局紧凑，尽量降低体型系数；将主卧室、起居室等主要使用房间设置在南向，便于白天充分利用太阳能辐射，而利用效率低的卫生间、储藏室等辅助用房布置在北向。

经济适用型农村住宅方案，见图1-58。

1.4.4　新建住宅示例二——康居舒适型农村住宅

随着经济的发展，村镇居民的收入逐渐增加，一批先富裕起来的村镇居民，已经提前进入"小康"。他们已经不满足于原有的居住条件，有了更高的要求。此类住宅在满足基本功能空间的基础上，要提高住宅的舒适性，以满足村镇居民对高层次生活目标的追求。康居舒适型住宅主要针对农村中等收

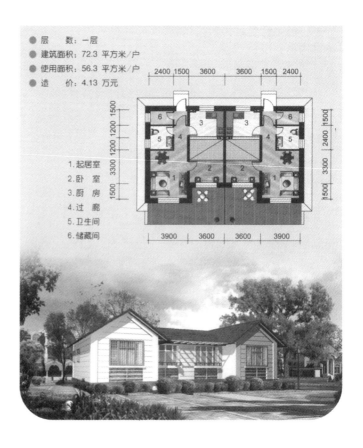

图1-58　经济适用型住宅设
　　　　计方案

入群体，该类住宅除具备经济适用型住宅的特点外，还具备以下特点：

（1）住宅面积在 100~150m^2。

（2）户型以两室二厅和三室二厅为主，适合两代三口之家或三代五口之家居住。

（3）功能空间齐全，除基本的使用空间外，房间功能划分更细致，分为主卧室、次卧室，厨房以及独立的餐厅和卫生间等。

（4）房间尺度更加宽敞、舒适，房间开间进深增大。主要卧室开间应不小于 3300mm，起居室开间应 4800~5100mm。

（5）功能分区突破传统格局，有利于动静空间的分隔、洁污分离以及公共空间与私密空间的划分。

（6）空间处理更加灵活、丰富，外部形式更加考究。

康居舒适型农村住宅方案，见图 1–59。

1.4.5　新建住宅示例三——豪华特色型农村住宅

随着经济的发展，村镇居民的经济意识不断提高，他们不再仅局限于传统的种植项目"靠天吃饭"，而是积极开发新的

图 1–59　康居舒适型住宅设计方案

生产项目，由于村镇居民的生活和生产是紧密联系的，所以在住宅功能布局上出现了新的变化，分为：（a）以传统种植业为主的一般农业户户型；（b）以规模经营种植、养殖或饲养等为主的专业生产户户型；（c）以从事小型加工生产、经营销售、饮食、运输等项目的个体工商服务户的户型；（d）完全脱离农业生产的乡镇企业职工户型等。豪华特色型住宅主要针对农村高收入群体，具有以下特点：

（1）住宅面积在 150~200m²。

（2）房间数量多，户型以四室二厅为主，适合人口较多的家庭居住。

（3）功能空间除设有起居室、主卧室、次卧室、客用卧室、厨房、餐厅、卫生间等居住使用空间外，还附带有生产型的功能空间，如小手工业加工间、农业机械库等。

（4）这类住宅房间宽敞舒适，与城市中的别墅非常相似，但仍然保留农村传统的生活习惯，例如采用火炕作为主要采暖设备，因而在平面布局上独具特色。为方便晾晒粮食，可在住宅二层设置晾晒台，既减少对一层庭院空间的占用，还避免家禽对粮食的糟蹋。

图 1-60 是根据以上设计原则设计的豪华特色型农村住宅。

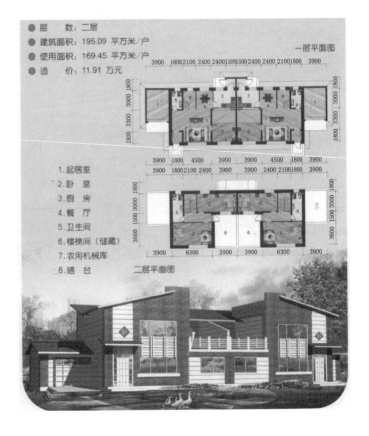

图 1-60　豪华特色型村镇住宅

第2章 村镇住宅厨卫功能提升技术

2.1 厨房功能提升技术

2.1.1 厨房功能分析

厨房在村镇住宅中占据重要位置，村镇住宅的厨房布置因受气候条件、建筑形式、生活习俗等诸多因素的影响，而产生地域性与功能性的差别。

（1）北方地区

北方地区冬季温度较低，村镇住宅应考虑冬季采暖。但受到采暖方式的制约，各地区厨房的格局、设施功能均不尽相同。东北地区村镇住宅的厨房都设在户内，厨房有独立式与套内式两种，居民炊事、采暖的燃料以秸秆、薪柴为主，采暖方式以灶连炕或火炕（墙）结合土暖气为主，受这种采暖方式的限制，这一地区村镇住宅的炊具以灶台为主，厨房设施的布置具有一定局限性（图2-1）。

华北地区传统住宅的厨房一般独立设置在室外或毗邻住宅主体设置。住宅冬季的采暖方式主要以户内独立式"燃煤炉"或水暖气为主，部分新建住宅以"家庭锅炉"为主要的采暖、炊事系统。这一地区村镇住宅的采暖方式对炊事活动的限制较小，厨房设施的布置与炊事方式的选择较为灵活。

图2-1 北方村镇住宅厨房设施

（2）南方地区

南方村镇的经济发达程度优于北方。经济条件较好的村镇住宅的厨房设施与城市住宅基本没有差别，煤气灶、电磁炉、微波炉、电饭煲等现代厨房用具已经走进了寻常百姓家；经济条件较差的住宅的厨房设施与北方地区类似，采用传统灶台为主要炊具。一些地区住宅厨房常出现炊具与传统灶台并存的现象，厨房平面一般呈长方形，灶台采用"一"字形、"L"形或者"U"字形布局，使用方便（图2-2）。

既有村镇住宅的厨房可分为四种类型：与厅堂结合式厨房、户内式厨房、毗邻式厨房和独立式厨房（图2-3）。

图2-2 南方村镇住宅厨房设施

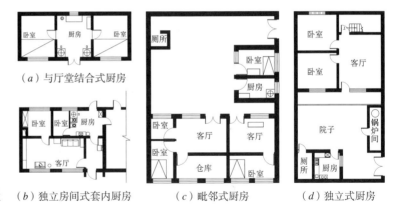

图 2-3　村镇住宅厨房的位置　　（a）与厅堂结合式厨房　　（b）独立房间式套内厨房　　（c）毗邻式厨房　　（d）独立式厨房

2.1.2　影响厨房功能的主要因素

（1）面积　《住宅设计规范》GB 50096–1999 规定，一类和二类住宅的厨房面积不应小于 4m^2，三类和四类住宅的厨房为 5m^2。规范里的住宅泛指城市新建与扩建的住宅。实际调研情况来看，村镇建筑的厨房面积指标大多高于此标准。在农村地区，由于厨房功能的综合性及燃料复杂性，厨房面积变化幅度较大。本书研究的厨房面积指单一功能厨房类型的使用面积，而未包括结合堂屋、餐厅等类型厨房的混合房间面积。

（2）能源结构　生火方式对厨房的各项指标都存在影响，能源燃料的变革是使厨房由传统向现代过渡的重要指标特征。实际调研中，冬季以燃煤焦等方式生火的村镇住宅已经占总量的 60%~70%，除室外储藏空间外，这些厨房灶台边必须保留存放煤焦与炉灰等空间，既影响室内卫生环境又对室内空间利用造成很大浪费。

（3）给水、排水设施　自来水是衡量现代建筑厨卫设施的一个基本条件。我国小康社会的一个基本评价条件就是村村通自来水，自来水室内铺设情况与水压保证是现状与改造评价指标之一；排水设施是村镇住宅卫生条件的重要保证。另外，随着居民生活水平的不断提高，热水系统的配备自然也进入评价指标体系，并成为改造目标之一。

（4）采暖与通风方式　采暖是寒地村镇住宅冬季的重要需求，其方式十分多样化，多数村镇居民仍以火炕为主，直接利用未经加工的生物燃料；土暖气、独立式小锅炉采暖等方式在被调查的住宅里均有采用，北京地区试点村还使用了太阳能热水采暖系统。通风排烟是厨房必须解决的问题。农村住宅的通风排烟主要依靠烟囱及排烟机，同时还辅以其他方式，如通过开门窗产生空气对流等。

（5）家电设备　厨房常用家电可分为基本厨具、便利厨具与高端厨具三种类型。基本厨具包括电冰箱、电饭锅、电磁炉、微波炉、电开水器等基本家电产品；便利厨具包括厨宝、电加工、排油烟机、排气扇等家电产品；消毒柜、烤箱、空气净化器等非必要家电产品在厨房中构成高端厨具。

（6）室内环境　厨房的环境是影响人的使用及其舒适度的重要因素，包括有物理环境和景观、卫生环境。

2.1.3　厨房功能提升的设计原则

在农村地区的村落中，基础设施的不完备与厨房功能需要的快速变革间的矛盾非常突出，村镇住宅厨房功能亟待提升。调研发现，既有村镇住宅厨房主要存在功能混乱、流线交叉、设施不完备、功效差、卫生条件较差，室内堆放柴草导致有安全隐患等等。

村镇建筑厨房的改造应根据不同的居民条件有步骤地进行，避免不必要的浪费；结合村镇居民基本需求及未来的发展趋势提出改造标准。厨房的功能提升改造原则应遵循如下几个方面：

（1）功能性　厨房设施的功能提升首先应考虑的问题就是功能问题。这里面可以通过两个基本内容进行分析，即功能流线关系与功能的工效分析。功能流线关系又与自然地理条件、居民生活习俗、基础设施条件、经济条件等多方面因素相关。

（2）经济性　改造标准应根据经济性原则划分，量力而行；立足于小康家庭标准为目标，从长远考虑，操作实施可以分步执行，公共设施（如沼气池，化粪池等）的改造可以集中几家共建，摊薄成本；集中采购可在设备与产品的报价上取得优惠；尽可能利用国家或地方的扶持政策，进行厨房功能提升的改造。

（3）技术性　先进的技术替代落后的技术是社会发展的必然结果。厨房的设备设施应采用当地的先进技术，改造的立脚点应适应社会的发展。

（4）可持续发展　在保留传统文化特色及文脉的基础上，提升民居的生活品质，平衡民居系统能量物质流的循环，减少对自然资源的浪费及对自然环境的破坏，减少对周围自然环境的污染，控制与改善"生态贫困"，从而为农村居民创造有别于城市的现代田园生活空间以及理想的绿色人居环境[①]。

---

① 金兆森，张辉，村镇规划，南京：东南大学出版社，1997：3-12.

2.1.4　厨房功能提升的主要内容

2.1.4.1　功能空间

（1）保证足够的面积

现代家庭生活中，厨房的功能不断完善，家电与设施的不断增加使得传统村镇建筑厨房的面积不能满足要求，图2-4所示为黑龙江汤原一居民家中灶台布置，除柴火灶台外，煤炉（左）和秸秆燃气灶（中）并排安置，而且家里还保留了沼气灶具与接口。在不同的季节，家里根据不同的燃料使用不同的灶具。该厨房的面积相对整个房子的比例是较大的，建筑面积70m^{2}的住房，厨房使用面积有6m^{2}左右。但是如果不进行能源结构调整的话，厨房面积仍显紧张。

（2）合理布局厨房空间

厨房布局应依据人类工效学方面的研究并结合既有村镇住宅特点展开。厨房的厨务平面系数在既有村镇建筑中的问题最多，因而权重比较大。以储存、加工和烧饭三个区域为核心的厨房功能可见图2-5。

图2-4　厨房室内灶具

调研发现：上述功能在实际布置时，有的跨越几个房间，给日常生活带来极大的不便。厨务三角对厨房工效影响巨大，三角形三边之和应不超过6.7m[①]。大多数研究表明，三点之间（图2-6）的理想长度为：A+B+C=3600~6000mm，其中，A=1200~2100mm，B=1200~1500mm，C=1200~2700mm。操作台和炉灶间的路程来回最频繁，因此建议将此距离缩到最短[②③]。

厨房空间的竖向工效系数包括炉灶的高度、案台高度、水池的位置以及橱柜与吊柜位置的方便程度、开关控制高度等可操作构件的竖向尺寸位置。在很多村镇建筑中，居民对厨房竖向家具的要求很低。操作时取用小板凳或借用高度不合适的案桌等，同

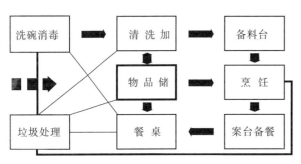

图2-5　村镇厨房功能关系

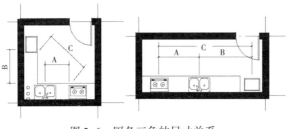

图2-6　厨务三角的尺寸关系

---

① 雷雪梅.家庭厨房中的人类工效学.开封大学学报.2001，15（4）：70-72.

② 李素瑕.现代整体厨房空间设计的人类工效学原则.家具与室内装饰.2008，3：87-89.

③ 雷雪梅.家庭厨房中的人类工效学.开封大学学报.2001，15（4）：70-72.

时频繁起身取水等往返于不同操作
区间导致工效度较低。根据 20 世纪
90 年代我国部分省市对人身高的统
计，女子平均值为 155cm，因此将
操作台高度定为 750-800mm 能适用
于大多数人。

图 2-7　厨房室内现状

空间利用系数是针对厨房内空
间利用的充分性方面分析，包括空
间综合利用、物品取放合理性、食
物存放卫生安全等多项标准。在村
镇住宅现状调研中发现：多数村镇
住户厨房室内空间利用是缺乏整体设计的（图 2-7）。厨房的
空间利用多集中在中部与下部区域，无序的物品摆放对厨房功
能与工效的影响占有相当的比重，厨房的上部空间利用更是得
不到重视。

2.1.4.2　设备设施

设备与设施在既有建筑里的改造包括能源、水、暖、电等
多方面内容。调查结果显示，当前村镇住宅的厨房能源结构的
特点是多样性与复杂性，居民采用的生火（采暖、做饭）方式
不再是单一模式。除使用电器外，还使用两种以上能源类型的
家庭占被调查总数的 76.4%；使用液化气的家庭占到被调研总
数的 44.7%。商品能源在村镇家庭的使用呈现普及化趋势。

设备与设施在既有建筑里的配置代表了厨房革命的程度。
给水到位、排水便捷是保证厨务工效的措施之一；很多厨具、
灶具在使用的同时还必须有其他辅助装置的配合，位置不当会
导致工效降低；电气配线与插座位置同样影响厨房的工效，频
繁移动电灶具和更换电器插座同时还会带来安全隐患。

2.1.4.3　环境改造

厨房的环境主要考虑以下几个方面：首先家具装饰环境
应适应厨房的功能特点。墙面、地面及顶棚是厨房的结构实
体，选择的材料应美观、耐久、易清洁，地面与墙面的材料
还要考虑防水等要求；橱柜的设计与前面厨务功能应联系紧
密；厨房的物理环境因素同样是功能提升的重要因素，节能、
采暖、空气质量和声光环境的设计与评定都是改造标准的评
价指标。

除此以外，心理因素的影响也应纳入对厨房功能提升的
技术分析之中。家庭主妇在厨房工作时的效率与健康同室内
的环境设计有很大的关系。色彩、质感甚至是餐具摆放都对

房间内的人的心理产生影响，这也是对改造设计标准的评定参数之一。

2.1.5　厨房改造分级与各级标准

村镇住宅的厨房改造以小康住宅标准为其基本改造目标。同时课题组结合国家住宅设计规范等专业法规以及调研统计分析，提出适合村镇既有住宅功能提升的一系列指标体系。

2.1.5.1　厨房改造分级

村镇厨房设施的功能提升改造，不可一概而论，应根据实际情况，分级实施。根据我国农村住宅现状，可分为三级：

一级为舒适型高效厨房。在经济许可的条件下，适度改造空间布局结构，达到功能合理、工效度高、设施完备先进、卫生环保、安全舒适，并提高可再生能源使用比例。

二级为合理型安居厨房。结合现状厨房的布局结构，调整功能结构，达到功能合理、设备完善、卫生环保、安全适宜的目的。

三级为经济型功能厨房。对于大量的低标准村镇住宅，由于不具备拆迁重建条件，而工效度等指标尚能满足最低标准的居民家庭，提出的过渡型改造标准，使其达到功能合理、卫生环保、安全适宜的目的。

2.1.5.2　功能空间标准

村镇住宅厨房的改造首先应从功能空间入手，即在原有格局不发生明显改变的前提下，通过采用新的使用模式，调节原有建筑的空间结构与面积标准，满足功能性提升。

（1）面积标准

村镇住宅厨房面积尺寸主要取决于采用的燃料、炊具、家具、设备和人体活动尺度的要求及其合理的布局。由于村镇居民做饭使用的燃料不同，导致其需求的面积也不同。对于烧柴的厨房，因其灶具大，且需要有堆柴的使用空间，因此厨房面积较大；采用烧煤炉灶的厨房次之；使用液化气、沼气炉灶的厨房面积可以小些。但使用分户沼气池供气做饭时，沼气池往往不能保证常年供气，要与煤灶同时使用。另外，有些自来水不进厨房的村镇家庭，厨房应设水缸存水。因此，厨房面积大小变动范围较大。

与城市建筑的厨房不同，厨房的使用面积大多满足使用要求，但是功能平面中，厨务三角基本内容相应增加了部分因素，如煤、柴、粮食的堆放、水缸等储水设施等等，在改造过程中参与进来并影响各级厨房的功能提升。根据调研分析，并结合农村实际生活需要，厨房的功能标准可见表2-1。

厨房功能改造标准　　　　　　　　　表 2-1

类　别	舒适型	合理型	经济型
面积指标	≥ 4m²/ 人	≥ 10m²	≥ 4m²
空间布局	使用方便、无流线交叉	使用方便、无流线交叉	使用方便
功效度	≥ 70	≥ 60	≥ 50
使用能源	可再生能源使用比例大于 80%	可再生能源使用比例大于 50%	依经济情况而定

（2）空间布局

厨房中的主要功能家具是操作台。根据我国《1999 年商品住宅性能评定指标体系》中关于厨房厨具可操作长度的规定，经济型住宅厨房操作台台面的长度尺寸大于 2400mm；合理型住宅厨房操作台台面的长度尺寸大于 2700mm；舒适型住宅厨房操作台台面的长度尺寸应大于 3000mm；操作台台面除了要有适宜的长度外，还要有一定的宽度（深度），才能满足操作的需要。厨房操作台台面的最小宽度（深度）为 500mm[①]。据统计，人手伸直后肩到拇指梢距离，女为 65cm，男为 74cm，这决定了厨房操作台面的深度不宜超 600mm，在距身体 53cm 的范围内取物工作较为轻松。

从厨房空间的使用和操作方面来看，500mm 宽度的台面使用效率是非常低的，因为 500mm 宽度的台面放置菜板之后，难以再放置较大的盘碟等餐具，其空间因无法利用而造成浪费，图 2-8 为 500mm 宽紧凑型操作台面的使用状况。所以标准中对经济型厨房的台面宽度不做要求，而将舒适型、合理型厨房台板宽度增加到 600mm，台面则可方便地放置较大的盘碟等餐具，有效利用空间。图 2-9 为 600mm 宽型操作台面的使用示意图。当台面尺寸超过 600mm 时，台板的加工会造成材料

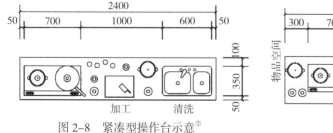

图 2-8　紧凑型操作台示意[②]　　　　　图 2-9　舒适型操作台示意[①]

①　邓过皇 . 现代厨房空间环境与整体设计 . 西北农林科技大学硕士论文 .2006，12：52-55.
②　同上。
③　同上。

的浪费，且人在操作过程中取放东西的行程增加会导致工效度下降，非特殊情况不应将操作台板改造过大。

传统农宅的厨房空间中灶台占有比较大的空间，为方便烧火做饭，厨房内一般保留存放煤焦等燃料的空间，同时炉灰等垃圾也经常堆放在灶台的一侧，严重影响室内的卫生环境；有条件改造时应设置单独的锅炉间安放上述设备。

2.1.5.3 设备设施标准

厨房的设备设施包括能源、水、暖、电等多方面内容。

厨房的燃料使用变革是现代厨房最为重要的改革。薪柴、秸秆等可再生能源的低级使用对功能效率影响很大，煤、电等不可再生能源的利用比例随着村镇居民生活水平的提高已明显增大，燃煤同样给厨房环境工效等实用功能带来很多问题，大力发展清洁能源与生物质能源的改造应是未来农村厨房设施功能提升的主要技术方向。

农村供水的方式有自来水、定时供水，自家井水等多种方式。将饮用水直接送到用水点，在当前条件下没有太多的技术与经济困难，设备的控制也可以简单完成，但是输水管材与洁具的选择要考虑卫生与耐久问题。建议改造时择优采用热熔PPR、PVC等管材。

厨房的用电指标是综合农村家电使用与城市住宅用电标准提出的下限标准，厨房功能改造必须保证用电的安全性。单独回路的要求，对用电安全非常重要，有条件的一定整改；所有明线插与排应改为暗铺装，增加可靠的接地线；电源插座最好采用带开关的五孔插座，位置应与厨房的主要电器相呼应，为将来添置新设备保留适量的容量与插座。当前进入农村家庭的主要电厨具包括电冰箱、电饭锅、电磁炉、电水壶等常用家电，城市住宅厨房中的其他电器设备如微波炉、油烟机、消毒柜、厨宝、饮水机、电加工机械、洗碗机等等，都将在不久的将来进入村镇居民家庭，用电的合理安排是厨房功能提升关键技术因素。

厨房设备设施改造标准见表2-2。

厨房设备设施改造标准   表2-2

类 别		舒适型	合理型	经济型
能源结构	新能源及电力	生物能源及太阳能等可再生能源占80%以上	生物能源及太阳能等可再生能源占50%以上	根据条件
	使用灶具	燃气＋电器＋炉灶	燃气＋电器＋炉灶	炉灶＋电器＋燃气

续表

类 别		舒适型	合理型	经济型
给水、排水	生活给水	全天	全天	定时可控
	用水保证	清洁	清洁	清洁
	管道材料	PPR	PPR，PVC	PPR，PVC，金属
	储水设施	自来水	水泵保证、水缸	水缸等
	排水系统	有	有	有
	污水处理	有机无害处理	化粪池处理	渗井，清淘
	厨房热水	有	保留接口	保留接口
供暖通风	机械排烟	有	有	无
	采暖方式	太阳能采暖、土暖气、地热、火炕、火墙等	土暖气、火炕、火墙等	火炕、火墙等
	设备间	独立设置或毗邻设置	独立或结合厨房	在厨房内
电力设施	单独回路	是	是	有条件改造
	用电安全	漏电保护	漏电保护	空气开关
	用电负荷	≥6kW	≥4kW	≥2.5kW
	暗装插座	≥8	≥7	≥3

2.1.5.4 环境改造标准

厨房的环境主要从使用者感官和心理两方面来考虑：

（1）饰面美观、卫生

家具及饰面装饰环境应适应厨房的功能特点，橱柜的设计与前面厨务功能应联系紧密；墙面、地面及顶棚应美观、耐久、易清洁，地面与墙面的材料还要考虑防水等要求。

（2）物理环境舒适

厨房的物理环境因素同样是功能提升的重要因素，声、光、热环境和空气质量的评定是改造标准的评价指标。

环境质量上的改善标准应满足表2-3的要求，实际空间环境的感官评价通过使用者在使用过程中打分进行验定。

厨房环境改造标准 表2-3

类 别		舒适型	合理型	经济型
装饰厨具	墙面装修	功能装修，材料优选	功能装修	易清洁
	地面装修	功能装修，材料优选	功能装修	易清洁
	顶棚天花	吊顶	吊顶或直接顶棚	—
	橱柜器具	整体橱柜或定做厨具	整体橱柜、定做	定做、改制或整柜
物理环境	采光照明	采光满足，按工作区设照明，节能灯具	有直接采光，按工作区设照明，节能	保证操作区工作照度，节能灯具

续表

类　别		舒适型	合理型	经济型
物理环境	热工环境	温湿度可调节控制	温湿度有一定调节	—
	通风换气	空气质量达标,设有烟感自动排烟装置	自然通风不足时,辅助机械通风、排烟	自然通风为主,设手动排烟装置
	隔声降噪	设计	考虑	—
心理环境	材料色彩	装修个性化	装修个性化	—
	物品安放	合理、易操作、便于整理	基本合理	—
	空间格局	舒适	较舒适	不局促
	垃圾处理	分类处理、再利用	分类处理、设专区	可分类、设专区

2.1.6　独立式厨房功能提升技术

2.1.6.1　独立式厨房功能分析与改造特点

在华北地区有条件的村镇住宅中,厨房经常与居住部分分开设置或毗邻建造,与之功能上相结合的是仓储空间或卫生间等附属建筑,如图 2-10 所示。

独立式厨房的功能布局一般比较散,厨房内的功能相对合理,厨务三角的关系比较明确,功能问题暴露明显,设施与设备的改造需求直接,易于按标准直接定制改造方案。在面积许可的前提下,可以进一步划分设备间等功能房间与厨房分隔开;独立式厨房的内部环境改造、装饰与装修空间都比较灵活,可以根据实际需求与家庭条件进行功能提升。

独立式厨房改造具有以下优势:

①厨房面积标准一般较大,改造空间灵活;

②使用功能独立,改造对日常生活影响较小;

③水、电设备施工方便,对居室等主要生活空间干扰性小;

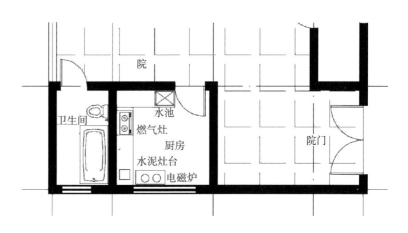

图 2-10　华北某村镇独立式厨房

④ 功能提升幅度灵活，适应度广。

独立式厨房的优点是其在功能提升改造中可以灵活布置厨房的平面空间格局，村镇住宅的其他附属功能如工具、粮食、物品的存储空间都可以与之结合设计或联通。但是独立式厨房的布局上存在一些严重问题：

① 就餐与厨房脱离；

② 热工效率低，不节能；

③ 当厨房与取暖有直接关系时，设备管线距离过长，热损耗增加。

2.1.6.2　独立式厨房的功能提升关键技术

独立式厨房在改造上应根据改造目标确定具体的改造措施，具体可以分为使用功能的提升、设备与环境的改善三个主要方面。

（1）独立式厨房的功能空间改造

现代的人体工效学研究显示：合理的厨务三角关系对家庭主妇的劳动效率的提高大约是 50%。单纯厨房功能的厨务三角包括烹饪区（含灶台、炉具等区域）、加工区（各类加工台面、水池等）和储藏空间（粮食、物料、餐具、燃料等空间）。

独立式厨房不同于套内厨房，不受结构制约和其他房间开门影响，在进行功能提升改造时可以进行较大的调整，以符合现代厨房的特点，满足高效厨房的布局要求。

合理的厨房流程与配置，其平面布置的形式一般有 4 种，大致可分为单排、双排、"L"形、"U"形，改造的具体做法与要求如下：

1）单排布置方式（图 2-11）将所有工作区（储藏区、洗涤区和烹调区）沿一面墙一字排开，其操作台面长度应不小于 2000mm。这种形式适合于平面较为狭长的厨房空间。当保留原厨房内的煤柴炉灶时，应将工作区与炉灶之间保持一定距离，当增设燃气灶时，应将燃气灶具远离炉灶布置。

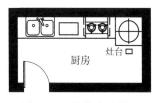

图 2-11　单排改造布置

2）双排布置方式（图 2-12）将操作台沿相对的两面墙布置，它适用于平面较宽敞的厨房空间。为保证进行炊事活动的效率，应尽量将洗涤盆、配餐区和燃气炉灶安排在同一台面，这样有利于保持厨房的洁净与干燥；而煤柴炉灶布置在另外一侧，靠近门口，利于功能分区，并提高整体厨务的工效度。

3）"L"形改造方式　操作台成"L"形布置，这种布局形式比较适用于空间方整、面积较大的厨房空间。"L"形的操作台符合工效学原理，但长的一边不宜过长，以防降低工作效

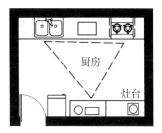

图 2-12　双排改造布置

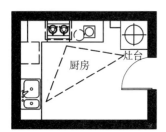

图 2-13 "L"形改造布置

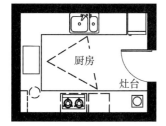

图 2-14 "U"形改造布置

率。改造设计时应确保煤柴灶台与加工区、储藏区形成倒三角（图 2-13），如厨房内同时设有燃气灶具时，应将燃气灶具与煤柴灶台相对设置。

4）"U"形改造方式　在双排改造方式的基础上，用橱柜将两侧的操作台面连接在一起，这样工作区有了转角，具有一定围合感，炊事活动路线较为集中，这种布置形式适用于空间规整的厨房空间。为了提高炊事工作的效率，宜将洗涤区设在中间，储存区和烹调区相对布置，这样能形成较为合理的厨房工作三角形。但当厨房空间过大时，"U"形布置不如"L"形布置效率高，并且当厨房保留灶台时，灶台与操作台的位置关系易产生较大矛盾（图 2-14）。

（2）独立式厨房的设备改造

1）炊事、采暖、通风系统

厨房的能源供应应优先考虑生物燃料，条件许可时，可采用太阳能等可再生能源。新能源的推广与普及将对村镇住宅厨房功能的提升带来革命性的影响。使用新能源，一方面可以节省大量的厨房空间，将原来用于存放煤炭、炉灰的空间改为其他功能使用；另一方面可以有效地改善村镇住宅厨房空间的卫生条件。

村镇住宅厨房内，除应具有正常的采光通风外，必要时还应采用机械或热压排气排烟系统。

2）给水、排水系统

将自来水引至用水点时应选用耐久性、安全性高，无毒无害的管材。若入户的自来水不能达到饮用水标准时，应在供水前端或末端设置水净化装置；在自来水无法保证 24 小时持续供应的区域，厨房内还应设有水缸、水桶等储水器具，并宜与操作台洗涤池毗邻，以减少不必要的往返活动。厨房设施内宜设有污水排放、收集设施，以便将洗菜、洗碗、淘米等进行炊事活动时产生的污水收集起来，并经相应处理后，排出室外或用于冲洗厕所。

3）电气系统

村镇住宅厨房设施功能中的电路应单独设置回路，厨房内的插座应根据工效学分 3 组设置：在距地面高度 0.5m，按实际需求设置 1~3 个，视其为第 1 组；第 2 组插座主要是为主要电炊具提供电源，插座距地高度应为 1.4~1.6m，数量 2~5 个；第 3 组主要为油烟机、排风扇等提供电源，距地高度为 2.2m，设 1~2 个插座，全部电线的铺设应在墙内套管暗装，无明线或裸线。

（3）独立式厨房的环境改造

1）室内装修　厨房设施功能环境改善应达到相关标准的要求。厨房室内墙面、地面、天花的装饰与装修，应根据家庭经济条件与需求进行，装修材料的选择应环保、安全，并且易于清洁，尽量不改变原有空间结构。

2）家具尺度　目前，村镇居民或多或少都会对厨房都进行适当装修，以营造整洁、舒适、美观的厨房室内环境。在装修的过程中，家具的尺度、位置均应重点考虑到人体尺度。如图 2-15、图 2-16 所示，人向上伸直手臂，指梢高度为2200mm，这决定了吊柜的底板高度应 ≤ 2200mm，女性肩高为 1380mm，也决定了在距地面 1300mm~1500mm 的贮存区间，手平举或稍举于肩上可方便任意取物，最高的搁板不宜超过1800mm，否则无法站在地面上取物[①]。

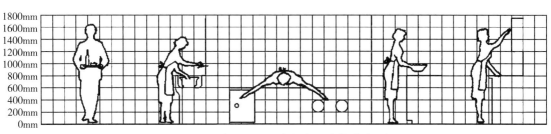

图 2-15　厨房竖向尺寸关系（一）

3）垃圾分类　垃圾在丢弃之前应对其进行分类处理，总的来说可分为三类：可回收、可发酵与不可回收。故应在厨房设施内的合理位置设置垃圾容存放点，常见的厨房垃圾存放方式见图 2-17，主要有以下几种：

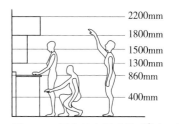

图 2-16　厨房竖向尺寸关系[②]（二）

A 点接近外门出入口　此点利于将产生的垃圾带出室外，但离操作台的距离较长，在使用中会产生不便之处，适于存放气味较大或易腐烂的垃圾。

B 点置于柜体内　把垃圾容器放置在柜门里面，避免其暴露在视线内，影响厨房空间整洁、美观。但由于柜内通风较差，若垃圾存放时间过长，容易腐烂发臭，适于存放可回收的固体垃圾。

C 点置于水池下　主要用于收集在洗涤过程中产生的垃圾，此类垃圾含水量大，易于腐烂、发臭。

D 点专用空间　主要用于收集灶台、锅炉燃烧后产生的燃

---

① 杨公侠著 . 建筑·人体·效能 . 天津科学技术出版社 . 天津 .2001，7.
② 同上。

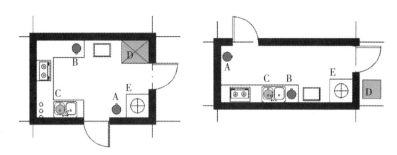

图 2-17　村镇住宅厨房垃圾
的收集位置
A. 接近外门出入口安置；B. 柜
内安置；C. 水池下收集；D. 专
用空间；E. 灶台

料灰渣等，应尽量靠近出入口，或直接设置在室外的专门空间，减少对厨房室内环境的污染。

2.1.6.3　独立式厨房的改造示例

（1）简介

对河北某村镇住宅的厨房设施功能加以改造。其平面图如图 2-18 所示，面积为 9m²，尺寸为 3m×3m。家庭人口为 3 人。该厨房设置在院落内，与室外卫生间毗邻，属于独立式厨房。由于建设在城郊地区，具有较为完备的市政管网上下水系统；住宅的炊事、采暖活动主要依靠液化气、电能和燃煤锅炉；厨房内无生活热水系统；厨房设施功能较差（图 2-19，图 2-20）。

据现状调研，住宅厨房设施功能存在以下亟待解决的问题：厨房设施功能布置不便捷如图 2-21 中（a），水管锈蚀，冬季采暖不好，空间利用，系数低，灶具、洁具、操作台均应更新，室内装饰老化，墙裙以上高度脏污，无机械排烟系统，室内物品摆放较乱，无吊顶，照明属于室内一般照明系统。

（2）改造策略

1）改造厨房平面功能关系　将厨房操作台由原有的"U 形"布置，改为"L"形布置，将洗涤区布置在中间部位，将燃气灶移至靠窗外墙处，以利于烟气迅速排出室外，同时将电冰箱等搬入厨房内部，以方便使用。厨房操作台板宽度应为 600mm，橱柜宜整体设计制作，并应适当更新厨具、洁具等，改造后平面图见图 2-21 中（b）所示。

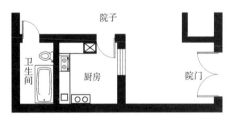

图 2-18　华北某村镇独立式厨房

图 2-19　独立式厨房室外现状

图 2-20　独立式厨房室内现状

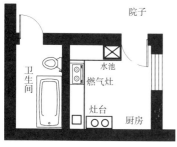
（a）调整前平面

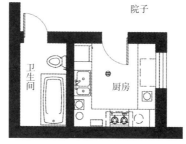
（b）调整后平面

图 2-21　独立式厨房功能提升平面示意图

2）设备设施改造　为方便热水的使用，宜加装太阳能热水器。在可能的条件下，采用太阳能热水采暖；并可适当考虑利用回收厨房废水来冲刷厕所；在厨房内宜设置设 7~8 组插座，以方便用电炊具的使用。

3）室内装修　对墙面、顶棚、地面进行装修，应优先选取坚固、耐磨、易于清洁的装饰材料，以便于日常清洁，保证厨房室内卫生。

2.1.7　套内式厨房功能提升技术

套内式厨房可分为与厅堂结合式及独立房间式两种类型，是既有村镇住宅中较为常见的厨房布置模式，见本章图 2-3。

2.1.7.1　套内式厨房功能分析与改造特点

村镇既有建筑中的套内式厨房通常受住宅空间布局与建筑结构的制约比较大，此类厨房具有以下特点：

① 平面功能受相邻房间制约，厨房功能易被开门分隔开；

② 多数厨房保留炕灶或炉灶，室内卫生环境不佳；

③ 厨房室内给水、排水到位率低，需要改造；

④ 用电条件与用电安全基本不满足要求；

⑤ 室内环境改造需求比较迫切。

厨房功能的改造重点着重在以下几个方面：

① 平面功能整合，根据既有炕灶位置安排增设操作空间，满足厨务三角的合理关系及尺度。调整厨房空间布局；

② 变革能源结构，根据新能源关系设计厨房的第二条厨务三角关系，满足最低需求；

③ 根据改造设计的操作台位置连接给水、排水设施，留设热水接口；

④ 增加节能改造措施，进行室内排烟通风装置改造。有条件者，增建采暖、燃气等设备房间；

⑤ 照明与用电改造；

⑥ 室内环境改造。

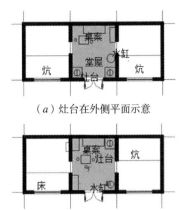

（a）灶台在外侧平面示意

（b）灶台在内侧平面示意

图 2-22 传统村镇住宅与厅堂结合的厨房类型

套内式厨房功能提升应在分析村镇居民基本需求与收入的基础上，因地制宜地提出改造方案。

2.1.7.2 套内式厨房的功能提升关键技术

对套内式厨房设施功能进行提升改造，应基于村镇居民的基本需求与收入水平，结合村镇住宅的未来发展趋势，以创造便捷、适宜的厨房设施功能为目标，有针对性地对不同形式的套内式厨房，提出不同的改造策略。

（1）功能空间改造

1）与厅堂结合式厨房设施改造

与厅堂结合的厨房多见于年代较为久远的村镇住宅中，这类住宅面积较小，设备不完善，厨房兼具厅堂的功能，功能分区不明确，相互干扰严重，是改造的难点。这种类型的厨房设施具有以下两种代表性平面：灶台在内如图 2-22（a）所示，多见于华北地区；灶台在外如图 2-22（b）所示，常见于在东北地区的传统住宅中。

与厅堂结合式厨房的平面布局多为：房间正中两侧墙均开有门，入口朝南，北墙通常依民间习俗设供桌等（图 2-23）。厨房被交通空间划分为"品"字空间格局，这种格局对厨房的工效影响十分不利，除北墙面可以保留足够的长度外，整个厨房布局受到严重的制约。因而厨房的功能提升首先应着手解决平面的布置问题。

在厨房功能提升改造中，应通过适当改造住宅的炉灶，让出足够的空间来布置新能源灶具和操作台，增添新的功能区（如洗涤区、储物区等）。改造后平面格局形成双排布置或"L"

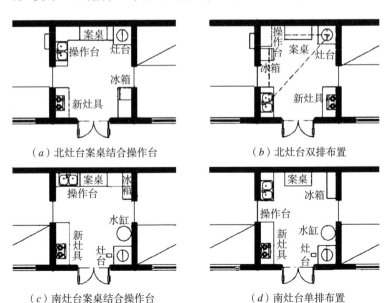

（a）北灶台案桌结合操作台

（b）北灶台双排布置

（c）南灶台案桌结合操作台

（d）南灶台单排布置

图 2-23 与厅堂结合的厨房改造类型

形布置（图 2-23），使用起来更加方便、便捷。

　　2）独立房间式套内厨房改造

　　与与厅堂结合式套内厨房相比，独立房间式套内厨房的改造空间比较灵活自由，与独立式厨房较为类似，改造做法可适当参见"独立式厨房功能提升"部分。

　　（2）设备设施改造

　　在不改变既有建筑结构空间格局的前提下，厨房的能源结构提升是改造的关键。对于有条件的村镇住宅，首选的新能源是生物能源（沼气、秸秆燃气）和太阳能等。这些能源的使用，将节省煤炭资源的消耗，并带来厨房布置的变革。

　　我国仍有很多村镇未铺设上下水管网，这些地区村镇居民的生活用水普遍采用自家水井内设水泵直接供给到室内的方式。针对中国村镇的实际情况，水泵的控制可以通过专用电路引导至用水点，平时关闭以保证节约能源。供水管道应采用 PVC 或 PPR 等高分子材料，室外埋置深度应根据各地区实际情况而定，在寒冷地区，应保证冬季不发生冻堵现象。

　　村镇住宅的排水措施大多采取渗井的方式解决生活污水，部分小城镇住宅则可依靠市政系统直接排放。生活污水经处理后排放设计是套内式厨房室内排水改造提升目标之一。

　　电气设施的提升改造则应按照相应标准执行。

　　（3）室内环境改造

　　室内的环境改造可参照"独立式厨房的环境改造"。

2.1.7.3　套内式厨房的改造示例

　　对黑龙江省汤原县某农村住宅进行厨房设施功能提升改造。该住宅建设于 2001 年，属政府及社会资助的生态住宅项目。该住宅厨房功能的使用面积为 $10m^2$，属于独立房间式套内厨房，该厨房的功能关系合理，但门的位置过于分散；能源结构较为复杂，以煤、柴、电为主，并辅助使用秸秆燃气及沼气系统；采暖方式为火炕结合土暖气；室内有自来水，污水直接排放到室外渗井中；用电容量不足，插座数量、照明质量均不满足需要；室内饰面污损严重，空间利用不充分。

　　针对该住宅厨房设施方面存在的不足，对其进行厨房设施功能提升改造，具体做法如下（图 2-24）：

　　（1）功能提升　该户家庭人口为 2 人，厨房面积满足要求，但由于厨房空间内门的位置过于分散，厨房内连续墙面过短，不利于布置厨具，应在不改变原有住宅结构稳定性的情况下，调整各个门的位置，如图 2-25 中（b）所示，改造后在厨房的东北角和西南角分别形成两个较为完整的墙面，利于布置厨具，

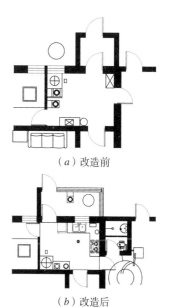

（a）改造前

（b）改造后

图 2-24　厨房改造前后平面图

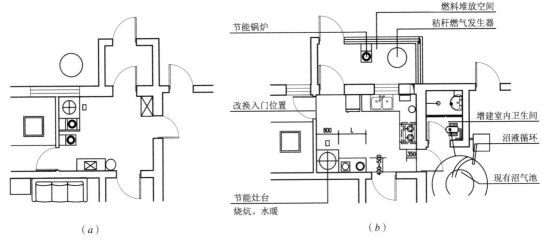

图 2-25　厨房改造前后平面图

方便使用；同时还应优化能源结构，以沼气、秸秆燃气为主导，以电力为辅助能源。

（2）设备设施改造　改造现有秸秆燃气炉与沼气池，沼气池的形式由原来的传统模式改变为旋流布料式，以保证足够的产气量；更新给水管线、洁具，并将排水设施直接连接至新增的化粪池；增加太阳能热水系统，并改造采暖系统为地（炕）热采暖；在室外北侧增设秸秆气化炉及循环设备间；入户口增设配电箱，四组带漏电保护的开关，并有效接地，采用金属套管内配三路4平方铜芯电线引一组至厨房（墙内暗铺设），在用电处安设7~8组带开关的5孔插座，下2中3上2，对应冰箱、消毒柜（下），电厨具（中），油烟机、热水器、电源（上），由棚上引数据线至东山墙安设宽带线盒。

（3）环境改造　厨房内墙面的装修材料采用瓷片，地面的装修材料采用防滑地砖，顶棚采用金属龙骨铝板吊顶，安节能灯，所选取的装修材料应易于清洁；厨房内橱柜应按整体橱柜设计；宜选择带感烟功能的油烟机结合吊柜设置；室内应进行垃圾分类处理等。

2.2　卫生设施功能提升技术

村镇住宅中的卫生设施包括：室内卫生设施和室外卫生设施两种。既有村镇住宅卫生设施虽然功能简单，但是彼此之间差别较大，这是因为卫生设施的布局、洁具数量、设备安置受居民卫生习惯的差异、地域气候差异及配套设施的完备情况等影响较大，进而形成了不同的村镇住宅卫生设施（图 2-26）。

图 2-26　村镇居民卫生设施

传统村镇住宅中的厕所的卫生条件较差，对室内外环境有较大影响，尚存在很多问题，如功能不完善，夏季气味大，污染周围空气环境等。尤其是旱厕，夜间无照明，使用不方便，在寒冷地区冬季，其使用问题更加突出。这些问题限制了村镇居民生活水平的提高，村民们都希望能够有效的改善这种状况，可见提升卫生设施的功能对村镇住宅来说是十分重要的。

2.2.1　卫生设施功能分析

村镇住宅卫生设施可分为室外卫生设施与室内卫生间两种类型。传统村镇住宅卫生设施基本以室外卫生间为主，粪便通过自然发酵无害化处理后，作为肥料投放至农田或定期清理。随着村镇居民生活水平的不断提高，室内卫生间被大众所接受和采纳。但因受传统生活方式的影响，以及经济条件和市政设施的限制，短时期内室外卫生设施仍无法取消，可通过适度的改造措施，提高室外卫生设施使用舒适度。

（1）室外卫生设施

1）室外旱厕　户外旱厕相对来说比较简陋，一般是由一皮砖砌筑而成（图 2-27）或用木板、瓦楞板等板材拼凑组合而成，并于上面铺设简易铁皮等顶盖，以便遮挡风雨；只有少数旱厕采用砖混结构，独立或依附于建筑外墙建造。旱厕的位置一般远离住宅主体，甚至在自家院子外面，旱厕内设露天粪坑或带盖板的渗井，来收集和处理粪污。

图 2-27　户外厕所

2）室外卫生间　室外卫生间多见于配套设施比较齐备的集镇住宅建筑或经济条件较好的农村住宅中。室外卫生间的功能与卫生条件要比室外旱厕条件好（图 2-28），一般多与柴房等附属建筑结合，也可独立设置。

（2）室内卫生间

室内卫生间从使用功能上，可以分为单纯洗浴类和厕浴类（图 2-29）。单纯洗浴类指仅设有盥洗、淋浴等功能，不进行便溺活动的室内卫生间。厕浴类与城市住宅的室内卫生间类似，

图 2-28　户外卫生间

图 2-29 村镇住宅室内卫生间　　　　　（*a*）单纯洗浴类　　　　　　　（*b*）厕浴类

具有盥洗、淋浴和便溺功能，一般设有三件以上洁具，有的还会将洗衣机放置在室内卫生间内。

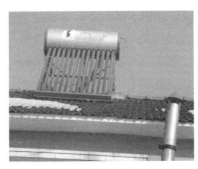

图 2-30 太阳能热水器的利用

由于夏季天气炎热，南方村镇住宅大都设有单纯洗浴类室内卫生间，以供当地的居民冲凉、淋浴，同时太阳能热水器也被村镇居民所接受，得到广泛的应用（图 2-30）。

2.2.2 影响卫生设施功能的主要因素

（1）面积与位置　《住宅设计规范》GB 50096–1999 对设便器、洗浴器（浴缸或喷淋）、洗面器三件卫生洁具的卫生间面积标准定为 $3m^2$；单设便器的厕所面积应不小于 $1.1m^2$。村镇住宅卫生设施因地域及建设年代关系差别巨大。乡村住宅基本以室外厕所为主，除部分新建住宅外，没有室内卫生间，厕所建设简易，多为居民自建。部分家庭设有洗浴等简单设施。调查结果显示，除集合住宅外，设卫生间的既有村镇住宅有 40% 以上是多洁具的卫生间，使用面积为 $3~6m^2$，其中 10% 左右居民拥有两间以上的卫生间。

（2）洁具的数量　便器、手盆、洗浴等基本洁具可以简单评价厕所与卫生间的标准。通过对村镇居民生活方式的研究，在基本洁具类型和数量与卫生间改造标准之间建立关联因子，并以此确定部分评价关系。

（3）给水、排水设施　卫生间的给水与排水系统的建立是保证生活卫生标准的重要因素。是否有供水或其他设施、水压与水量的保证、污水排放方式、污物处理等都是评价卫生间的重要指标要求。

（4）热水装置　随居民生活水平的提高，村镇居民的卫生要求（尤其洗浴等的热水要求）也成为生活的基本内容。在华北，村镇建筑卫生间热水主要采用太阳能热水装置，一般在屋顶设水箱，白天用日光直接将水加热使用，冬季基本将水放空以防冻坏管线设备；随着太阳能热水器的普及，越来越多的居民安装这种热效率极高的热水装置，同时对卫生间室内环境提出了更高的要求。

（5）供热与通风情况　寒地冬季供暖与通风措施对室内外卫生设施都有要求，无保暖措施的卫生设施，其他设施也无法保证使用。在河北调研过程中，户外厕所水管包括水井都在很长时间无法使用，室内厕所无通风保证时也同样无法被接受。

（6）环境质量　卫生设施的环境质量与使用条件相互影响，对于村镇居民的生活来说，卫生设施的环境改善对其生活质量的提高、环境保护意识的增强等多方面建设都将产生积极影响。

2.2.3　卫生设施功能提升的原则与标准

（1）功能提升原则

村镇建筑卫生间的改造标准应遵照下面几点原则：

① 满足多功能发展需要，适当放宽面积标准，兼顾未来发展的需要；

② 厕所应保证清洁卫生，洁具应选择成品；

③ 保证卫生用水，选用节水型洁具，热水设施优先选用太阳能；

④ 污水应经过处理，考虑结合沼气池改造，废水考虑再利用；

⑤ 必须兼顾功能提升的实用性、经济性、社会性原则；

⑥ 室内环境质量提升与室外卫生环保措施应同样重视。

（2）功能提升标准

我国村镇住宅卫生设施按其现状可分为室内卫生间（厕所）与室外卫生间两种基本类型。室内卫生间是农村住宅未来的发展方向，因此，本指南重点讲述室内卫生间的功能提升。室内卫生间基本可以分为三级：

一级为舒适型高效卫生间。该类卫生间功能齐备，面积充足，厕浴与盥洗、洗衣分间，卫生器具数量为 3 件以上，给水、排水条件齐备，用电负荷有保证，保证热水供应，有通风设施。污水经处理后排放,废水可再利用,室内环境清洁、卫生、健康。

二级为合理型安居卫生间。功能齐全,面积有保证,可容纳洗衣机,卫生器具数量为 3 件以上,给水、排水条件齐备,保证热水供应,有通风设施。室内环境清洁、卫生、健康。

三级为经济型功能卫生间。面积与卫生器具满足基本需求,条件许可时应有热水供应,有通风设施。室内环境清洁、卫生。

各级卫生设施功能提升改造标准见表 2-4。

既有村镇住宅卫生间功能提升改造标准　　　表 2-4

项目	舒适型	合理型	经济型
面积指标	$\geq 5m^2$	$\geq 3m^2$	$\geq 2.5m^2$
功能分间	考虑	—	—
无障碍设计	考虑	考虑	—
洁具数量	大于 3	3	2
热水供应	有	有	不限
热水来源	清洁,可再生	根据实际条件选择	—
洁具类型	节水	节水	节水
用水保证	有	有	有
设洗衣机	有	考虑	—
污水处理	化粪池处理\沼气池	化粪池处理\沼气池	化粪池处理
废水循环	考虑	考虑	依条件而定
用电安全	漏电保护	漏电保护	空气开关
暗装插座	≥ 3	≥ 3	≥ 2
室内装饰	功能装修,材料优选	功能装修	易清洁
采光照明	有采光,节能灯具	节能灯具	节能灯具
通风换气	自然通风为主,辅助机械通风	自然通风,设手动排气装置	自然通风

为满足洗浴、排风、洗面、洗衣功能要求,应安装不少于 3 组电源插座,一般水平为两组,理想水平为 3 组电源插座。装置高度为 1300~1500mm。理想的卫生间近水处为防溅型插座,浴室的排风扇用延时型开关,以便排除湿气后自动关闭。

卫生间的改造设计应按各级标准执行,实际施工操作时可根据改造主体的功能需求、现状设施、经济条件、环境发展规划等具体情况有计划分步施行,进一步保留改造接口与空间。

2.2.4 室内卫生间功能改善关键技术

卫生间的功能提升应首先满足功能结构合理
的要求。室内卫生间的功能分析可见图 2-31。提
升室内卫生设施功能主要从改造原有室内卫生间
和增设室内卫生间两个方面进行。

图 2-31　厨房与卫生间关系

（1）改造室内卫生间

在面积条件满足的前提下，卫生间的功能提升主要通过以
下措施解决：

1）合理划分空间

结合储物、晾挂等空间对室内卫生间进行全方位设计，可
采取设置玻璃拉门或成品隔断的方法。目前村镇居民家庭的洗
衣机也基本普及，因此合理安排洗衣机位置，保证给水与排水，
对整体卫生设施的功能提升有重要的影响。

2）更新卫生设施

卫生设施是提升卫生间功能的关键。村镇住宅卫生器具
及给水、排水管线材料的选择种类很多，布置随意性大，缺
少专业设计与指导。如图 2-32 所示，河北某村室内卫生间
的水管系统采用镀锌钢管，且铺设较为随意，其连接方式与
管径都比较夸张，随时间推移，类似于管材锈蚀，系统漏水
等问题均将暴露无遗。因此，对于已经陈旧、破损的卫生
设施，及时更换；对于给排水管线，可采用铝塑或 PPR 管材，
将管线暗装。

图 2-32　室内卫生间的给水管线

热水是村镇居民的基本需求。从节能、低碳、经济的角度
看，建议采用或更换太阳能热水设施。村镇住宅太阳能热水设
施根据设备的情况分为 3 类，即安装成品热水器、自制热水器、
简易热水装置。热水器的安设应避免对建筑结构与围护结构构
造的破坏，相对于城市集合住宅，村镇既有住宅大多属于独户
形式，层数也是 1~3 层不等，有条件时尽量利用自家管道系统
或在室外附设供回水管，利用外墙、外窗引入室内，避免穿过
屋面，破坏防水构造。

（2）增设室内卫生间

受既有村镇住宅结构、空间布局等方面的制约，在既有村
镇住宅中增设室内卫生间的任务是比较艰巨的。室内卫生间增
设的前提是配套室外排水、排污管网的修建或改造。在农村现
有条件下，室外管网应多户有组织进行。在保障排水外网之后，
增设室内卫生间，基本上就可以根据村镇居民的实际居住条件
和生活需求进行了。

图 2-33　集中建设水处理
系统[①]

1）使用面积

室内卫生间的增设与改造标准可以采用相同的目标，只是受原有建筑空间结构因素的制约，室内卫生间的增设在面积标准上不应盲目追求指标标准，更应看重室内洁具的利用效率与空间利用度。

2）卫生设施

卫生设施的增设可以是如厕、洗浴等各功能的组合，但是如果考虑到未来进一步的改造，室内污水与废水建议分开排布，大便洁具的排污可以与沼气池系统连接，形成生态循环；废水如果不能进入中水循环系统或再利用的，也应进入集中污水处理系统后排放，以免污染环境（图 2-33）。

3）水的供应

增设室内卫生间还应保证水的供应与压力强度。在设备改造中，如果自来水系统无法保证，则室内卫生间的卫生问题将成为致命缺陷。在实际改造中，根据当地实际情况，可考虑在卫生间内设置与厨房一样的供水系统，或利用水泵，将室外废水井内收集的洗衣、洗浴等生活废水，压送到卫生间洁具内，作为冲洗用水。

4）室内通风

室内卫生间应设置排风道，当通风量不能满足要求时，应设置排气扇。

此外，建筑的防水、防潮、用电安全等都是必须在专业人员操作指导下进行改造的，应避免盲目增改带来的安全、卫生隐患。

2.2.5　室外卫生设施功能改善关键技术

室外卫生设施的建筑质量等级是改造的载体，应保证被改造对象不是临时性简易建筑，建筑的质量等级根据《通则》要求应不低于 1 级标准。卫生设施的功能选择应有一定的超前意识，为将来进一步改造提供空间上的保证。既有建筑中对环境卫生影响巨大的 4 级室外旱厕应被取代；对室外卫生间进行设计时，应保证室外卫生间内除应具有厕位外，还应增加其他卫生洁具或储物等辅助空间，当在室外卫生间顶部增设较重的附加荷载（如安装热水器）时，应由专业设计师验核安全性等因素，并由专业厂家提供安装及技术指导；室外卫生间应有外门，并适当考虑防蝇措施；卫生设施的内部地面应比室外地面高出不小于 150mm 的高度，以防止雨水侵入。

[①]　http：//www.moh.gov.cn/publicfiles/business/htmtlfiles/zwgkzt/pwstj/index.htm.

室外卫生间的功能提升与卫生环保措施有直接关系。室外卫生间的卫生条件主要通过以下措施解决：

（1）用水保证　新农村的建设令村镇居民家中饮水得到了基本的保证，也为厕卫设施改造提供了基础。

（2）排污　卫生间的排污问题是功能提升的关键，得到用水保证的卫生间最直接的排污方式就是采用户外化粪池系统。除此之外，农村的沼气池也是处理粪污的最好方式之一。

（3）防冻　严寒、寒冷地区的户外卫生设施设备应着重考虑防冻问题，村镇住宅的给水、排水管线都应在冰冻线下铺设，这样可以有效防止因缺乏流动性导致冻堵现象的产生，沼气池或化粪池应建造在与厕所临近的地点。

（4）内部环境　厕所的内部环境也是功能改善的重要组成部分。其地面宜采用防滑易清洁的硬质地面，并设排水地漏，地面向地漏找坡 0.5%~1.0%；墙面应整洁，宜贴铺面砖到顶，三级厕所可以考虑水泥砂浆抹灰；顶棚设计应满足美观要求且易于清洁、打扫。

2.2.6　改造示例

2.2.6.1　室内卫生间改造

（1）基本情况

河北省辛集市知方村刘宅位于辛集市郊，房主人于 2004 年购买该房，原房建设年代不详。家里用水的水龙头设置在院子里，严冬时，早上基本会冻住。该住宅设有一处室内卫生间和一处室外卫生间，其中室内卫生间闲置，内设卫生洁具两件（图 2-34）；室内设有上水管，村子里有市政排水设施，但是室外卫生间还是排污到渗井。

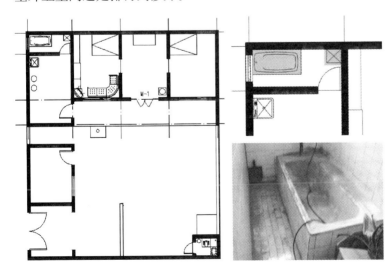

图 2-34　室内卫生间现状平
　　　　面与设施

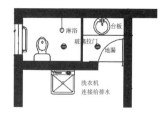

图 2-35 室内卫生间改造
平面

图 2-36 黑龙江省汤原市某
宅平面图

该室内卫生间属于仅具有盥洗功能的室内卫生间。墙面贴有白色瓷砖，地面是水磨石地面，室内无热水系统，因此卫生间处于闲置状态，室内仅有暗装开关及照明用灯具，该户主电缆由此卫生间高侧窗直接明线入户，存在电线乱接的现象，用电安全得不到保障，且由于裸线老旧易导致短路，酿成事故。

（2）改造措施

1）外线由卫生间进户的问题是首要解决的问题，改由邻间厨房入户，设配电箱，安设漏电保护开关与接地极等，引单独回路电线入卫生间。

2）拆除不用的浴缸、水池，改为淋浴与坐便，设金属拉门将房间分为两部分（图 2-35）。外屋设手盆，手盆与淋浴同侧，便于热水走线，两间屋各设计地漏排水，排水经外网导入村化粪池。在屋顶增设太阳能热水器，热水管线由室外经窗上口进入。

3）确定卫生间洁具，将洗衣机设置在邻间厨房，并将管线连接入卫生间。

4）室内设插座四组，两组在上（热水器＋浴霸），两组在下为防溅插座，沿内墙四周设扁钢一道并接地。

5）墙面、地面、顶棚装修，安装洁具，连接管线，安装金属配件（拉帘杆、拉手、毛巾架），调试设备。

2.2.6.2 室内卫生间增设

黑龙江省汤原市某宅，该房主人于 2000 年自建房，附设大棚一间，户外旱厕，无室内卫生间，平面图见图 2-36，因大棚内水电设施较全，且有沼气池一处，所以提出改造方案如下：增设卫生间，满足自家方便与洗浴等需求，围护采用砖墙实砌，室内分隔采取干湿分离模式，采用铝合金或碳钢隔断，污水排到渗井，粪污排放至沼气池（图 2-37，图 2-38）。

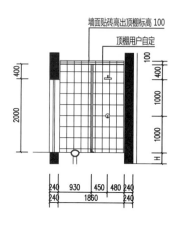

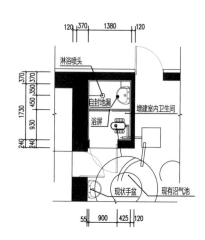

图 2-37 卫生间剖立面（左）
图 2-38 增设卫生间平面（右）

2.2.6.3 户外卫生设施改造

辽宁某农村室外厕所见图 2-39（a），该户村民院内空间不局促，无化粪池，厕所面积一般，无配套设施，卫生质量较差。

改造措施如下：翻建厕所，增设化粪池并加盖板，建筑与内部装饰按三级要求建设（图 2-39（b））。

（a）改造前

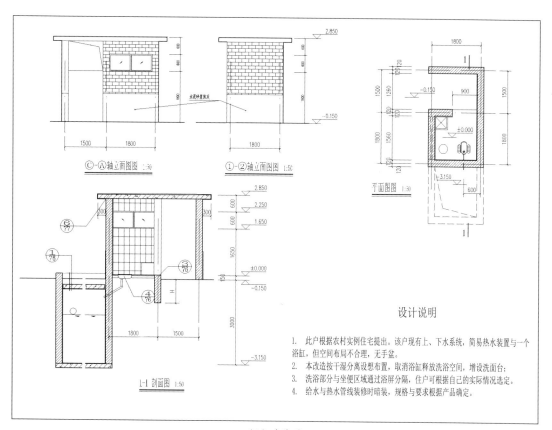

设计说明

1. 此户根据农村实例住宅提出。该户现有上、下水系统，简易热水装置与一个浴缸，但空间布局不合理，无手盆。
2. 本改造按干湿分离设想布置，取消浴缸释放洗浴空间，增设洗脸台；
3. 洗浴部分与坐便区域通过浴屏分隔，住户可根据自己的实际情况选定。
4. 给水与热水管线装修时暗装，规格与要求根据产品确定。

（b）改造后

图 2-39 室外厕所改造后示例

第3章 既有村镇住宅室内环境改善技术

3.1 住宅室内环境概述

建筑室内环境也称为室内居住环境，主要包括热环境、光环境、声环境及空气质量等物理环境（图3-1）和形式、色彩等室内视觉环境。形式与色彩取决于人的主观感受，不同的人对此有不同的评价，很难有共同的标准，因此本指南只针对物理环境进行深入研究。物理环境是住宅室内的客观物理量，物理环境质量直接决定房间是否舒适。

3.1.1 室内热环境

室内热环境是指影响人体冷热感觉的环境因素。这些因素主要包括室内空气温度、空气湿度、气流速度以及人体与室内环境之间的辐射换热（图3-2）。

（1）室内空气温度

室内空气温度高低取决于房屋得到热量与散失热量之间的比例。在冬季，村镇居民通过烧火炕、暖气等取暖设备获得热量，而这些热量会通过围护结构慢慢地散失到室外。为了获得一个舒适的冬季室内温度，就要求"得热与失热始终处于一个平衡的状态"。

1）得热——取暖与太阳辐射

室内的热量来源于三个方面：①取暖设备，如火炕、暖气等；②室内家电设备和人体的散热；③太阳辐射。

这其中取暖设备是获得热量的最主要途径，其次是白天的太阳辐射，室内家电和人体的散热很少，在这里可以忽略不计（图3-3）。因此在冬季，为了获得舒适的室内温度，应该选择适合的、效率高的取暖设备，同时重视太阳能的利用，最大限度获得太阳辐射热量。

2）失热——围护结构失热、通风失热

房屋的围护结构由墙体、屋面、门窗、地面组成。当室内温度高于室外温度时，热量会通过围护结构及其中的缝隙传递到室外（图3-4）。此外由于进出时开启外门而导致的热量流失也不可忽视。所以理想房屋的围护结构应该具有高效的保温

图3-1 室内物理环境的组成

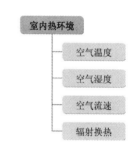

图3-2 室内热环境的组成

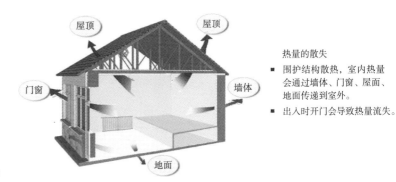

室内热量两个主要来源
■ 取暖设备，如暖气和火炕。
■ 太阳光照射，主要通过窗户获得。

图3-3 室内热量的来源

热量的散失
■ 围护结构散热，室内热量会通过墙体、门窗、屋面、地面传递到室外。
■ 出入时开门会导致热量流失。

图3-4 室内热量流失的途径

隔热能力。同时房屋的使用者也应该养成随手关门的好习惯。

（2）室内空气湿度

在夏季为了通风，需要开启窗户，使室内与室外空气处于流通状态，室外空气湿度直接影响室内空气湿度。在冬季，室内空气湿度受室外空气湿度影响较小，主要受室内做饭、晾衣服等活动产生的湿气的影响（图3-5）。当住宅处于封闭状态时，室温升高会降低室内空气湿度。受地域影响，北方地区的空气湿度要比南方地区相对低一些。

做饭时会产生大量湿气和油烟，导致空气湿度严重超标，应安装吸油烟机等排烟排气装置。

在农村，人们习惯将刚洗完的衣服铺到火炕上烤干，因此产生的水蒸气会提高空气湿度。由于水蒸气量不多，空气湿度可以保持在合理范围内。

图3-5 影响空气湿度的活动

（3）辐射换热

辐射换热是指人与周围环境之间的辐射换热。在炎热地区，夏季室内过热是普遍现象，主要是由于室外高温导致的墙和屋顶内表面的热辐射，以及通过窗口进入的太阳辐射热造成的；冬季过冷的气温会导致外围护结构对人体产生"冷"辐射。因此，提高围护结构的保温隔热性能可以避免"冷"辐射（图3-6）和"热"辐射（图3-7）现象。

冷辐射
■ 在冬季，当墙体、窗或屋顶的表面温度明显低于室内空气温度时，就会发生"冷辐射"现象，这种情况下，即使室内空气温度达标，人也会感觉不舒适。

图3-6　冷辐射示意图

热辐射
■ 夏季，太阳辐射强度大，如果围护结构隔热性差，墙体和屋面的内表面温度将升高，当明显高于室内空气温度时，产生"热辐射"现象。这种状态下，在室内的人会有烘烤的感觉。

图3-7　热辐射示意图

（4）室内空气流速

空气流速除了影响人体与环境的显热和潜热交换速率以外，还影响人体皮肤的触觉感受。人们把气流造成的这种不舒适的感觉叫"吹风感"。在较凉的环境下，如前所述"吹风"会强化冷的感觉，对人体的热平衡有破坏作用，因此"吹风感"相当于一种冷感觉。尽管在较暖的环境下，吹风并不能导致人体热平衡受到破坏，但不适当的气流会引起皮肤紧绷、眼睛干涩、被气流打扰、呼吸受阻，甚至出现头晕等不适感觉。

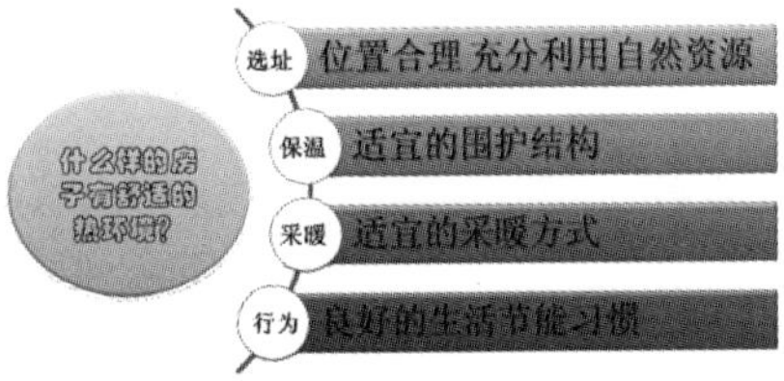

图 3-8　室内热环境舒适的条件

（5）舒适的热环境

根据前面介绍的基本知识，为了获得舒适的室内热环境应做到以下几点（图 3-8）：

1）宅基地选择合理，冬季阳光充足，夏季通风良好；

2）围护结构保温隔热性能好；

3）适宜的取暖设备；

4）养成节能的生活习惯。

3.1.2　室内声、光环境

（1）光环境

室内光环境主要分两个方面，自然采光和人工照明。其中人工照明主要涉及灯具的选择与布置。本文主要讨论的范围是建筑的自然采光。

人们的生活不能离开阳光，充足的太阳光可以消灭室内的细菌和病毒。从卫生安全的角度考虑，主要活动房间应有良好的采光条件。同时，室内自然采光好，会减少对人工照明的依赖，有利于建筑节能。影响自然采光的主要因素有以下几个方面：建筑朝向；周边建筑的布局；建筑周围庭院环境；窗的位置与大小；窗的透光性能。

（2）声环境

住宅的声环境主要指的是住宅的隔声能力，农村住宅不需要进行室内音质设计。主要原因为，在我国广大的农村，没有城市的喧嚣声和交通噪声，农户在日常生活中基本不受噪声的干扰，室内拥有一个安静的居住环境。

3.1.3　室内空气质量

室内空气污染是指由于室内引入能释放有害物质的污染源或室内环境通风不佳而导致室内空气中有毒物质数量或种类的不断增加，并引起人的一系列不适应症状的现象。

由于农村的做饭和取暖习惯，一些容易产生污染物质的燃料，例如传统生物质燃料、燃煤等被大量的使用，导致农村住宅的室内污染情况的普遍存在。

（1）室内空气质量标准

我国《室内空气质量标准》GB/T18883-2002 对室内空气质量的衡量和评判做出了明确规定，不仅对污染物浓度的最高值做了限制，也对室内空气温湿度和通风作了相关要求，见表 3-1。

室内空气质量标准限值[①]　　　　　表 3-1

	参数		单位	标准值	备注
物理性	温度		℃	22~28	夏季空调
				16~24	冬季采暖
	相对湿度		%	40~80	夏季空调
				30~60	冬季采暖
	空气流速		m/s	0.3	夏季空调
				0.2	冬季采暖
	新风量		m³/（h·人）	30	
化学性	二氧化硫	SO_2	mg/m³	0.50	1 小时平均
	一氧化碳	CO	mg/m³	10.0	1 小时平均
	二氧化碳	CO_2	%	0.10	日平均值
	氨	NH_3	mg/m³	0.20	1 小时平均
	臭氧	O_3	mg/m³	0.16	1 小时平均
	甲醛	HCHO	mg/m³	0.10	1 小时平均
	苯	C_6H_6	mg/m³	0.11	1 小时平均
	可吸入颗粒	PM_{10}	mg/m³	0.15	日平均值
	总挥发性有机物	TVOC	mg/m³	0.60	8 小时平均
生物性	细菌总数		cfu/m³	2500	依据仪器定
放射性	氡	Rn	Bq/m³	400	年平均值

（2）室内空气污染物

从性质来看，《室内空气质量标准》将室内空气污染物划分为四类：化学污染、物理污染、生物污染和放射性污染。

化学污染——主要为挥发性有机化合物（TVOCs）和有害无机物引起的污染。而挥发性有机化合物，包括醛类、苯类、烯类等 300 种有机化合物，主要来自于建筑材料和装修材料；无机污染物主要为氨气（NH_3），燃烧产物 CO_2、CO、NOx、SOx 等，这些污染物主要来自室内燃烧产物；

物理污染——主要指灰尘、重金属、纤维尘和烟尘等的污染；

生物污染——主要指由细菌、真菌和病毒引起的污染；

放射性污染——主要指室内放射性元素氡及其同位素引起的污染。

---

① 室内空气质量标准 GB/T18883-2002. 中国标准出版社 .2002.

3.2   室内物理环境改善技术

3.2.1   物理环境改善途径

室内热环境受到多方面因素影响，其中最主要的是围护结构的保温隔热性能。围护结构包括墙体、屋面、门窗及地面，当围护结构保温隔热与气密性好时，可减少室内与室外热量交换，从而获得舒适的室内热环境（图 3-9）。

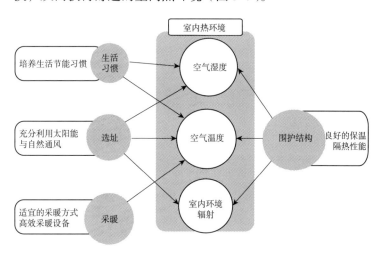

图 3-9   室内热环境改善途径图解

3.2.2   热环境改善技术

3.2.2.1   门窗构造技术

门窗是房屋围护结构的重要组成部分，具有采光、通风、防风雨、保温、隔热、隔声、防尘、防腐、防火、防盗和屏蔽外界视线等使用功能，因此应综合考虑各种因素影响。

（1）外门

农村住宅入户门主要是单层木门、单层铝合金门。寒冷地区冬季，外门是住宅的主要失热之处，应通过以下方式改造（图 3-10）。

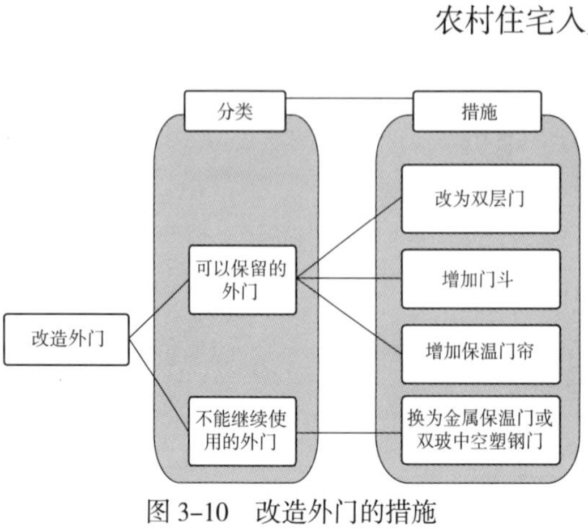

1）增加一层保温门　改为双层门，能保证人在开启外门时，冷风不直接吹入。关闭的时候，也可以增加门的热阻，提高保温性能（图 3-11）；

2）增设门斗　设置门斗时，间距不小于1000mm（图 3-12）；

3）挂保温门帘　如图 3-13 所示；

4）缝隙　使用密封条加强门气密性，

图 3-10   改造外门的措施

图 3-11　双层门　　　图 3-12　门斗　　　图 3-13　保温门帘

图 3-14　毛毡密封　　图 3-15　聚乙烯泡沫　　图 3-16　玻璃胶密封
　　　　　　　　　　　　　　塑料①

门框与墙面用弹性松软材料（如毛毡）、弹性密闭型材料（如聚乙烯泡沫塑料）、密封膏等密封，如图 3-14~ 图 3-16 所示。

（2）外窗

1）外窗绝热

北方农村住宅窗可通过下面两种方式提高窗的绝热性能（图 3-17）：

① 更换保温效果好的窗

安装窗时应注意以下几点：窗下框的墙体要用水泥砂浆抹平（图 3-18，图 3-19）。外贴保温材料时，保温材料应略压住窗下框，外侧抹灰应做出披水坡度，做防水处理，并应采用片材将抹灰层与窗框临时隔开，留槽宽度及深度宜为 5~8mm。抹灰面应超出窗框，但厚度不应影响窗扇的开启，并不得盖住排水孔。待外侧抹灰层硬化后，撤去片材，缝隙全部用聚氨酯发泡胶填塞饱满，将窗框表面清理干净，最后将密封胶挤入沟槽内填实抹平。墙体增加保温层后，原有窗台应采取加宽加固措施，防止踩踏窗台的不安全性。墙

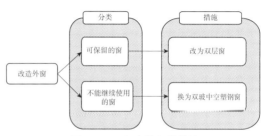

图 3-17　改造外窗的措施

① 　http://img3.jc001.cn/img/122/66122/1160465869556.jpg.

一般拆掉旧的窗会破坏与窗框接触的墙面

窗下框的墙体要用水泥砂浆抹平，这样会避免窗框变形，并增加窗的气窗性。

图 3-18　窗下框墙体处理

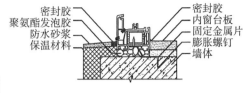

图 3-19　外保温墙体窗下框安装节点图

体保温层为非持力层，可在原窗台保温下增设支托架等，防止踩踏时造成人员伤亡。

对于北方寒冷地区，还可以采取增加一层木窗的办法。对于单层窗，可以根据实际情况在窗的内侧或外侧加一层木框窗。两层窗户间距应为 100~140mm，并应注意避免层间结露和做好两层窗间的防水。

南方地区农村住宅外窗保温性能很差时，可参照上述措施进行改善。

② 提高外窗气密性

根据《农村居住建筑节能设计标准》（报批稿）农村居住建筑外窗气密性等级不应低于现行国家标准《建筑外门窗气密、水密、抗风压性能分级及检测方法》GB/T 7106 规定的 4 级。南方地区和北方地区的农村住宅都应该保证门窗具有良好的气密性，可使用密封条加强门窗的气密性。窗框与墙面用弹性松软材料(如毛毡)、弹性密闭型材料(如聚乙烯泡沫塑料)、密封膏等密封；框与扇的密封可用橡胶、橡塑或泡沫密封条；扇与扇之间的密封可用密封条、高低缝及缝外压条等；扇与玻璃之间的密封可用各种弹性压条。

2）外窗遮阳

为了防止直射阳光照入室内，以减少太阳辐射热，避免夏季室内过热，南方农村住宅向阳面的外窗应采用有效的遮阳措施。用于遮阳的方法主要有：

①内遮阳。即在窗口悬挂窗帘、设置遮阳百叶等。

②外遮阳。利用构件、窗前绿化、挑檐、阳台、墙面花格等达到一定的遮阳效果。外窗设置外遮阳时，除应有效地遮挡太阳辐射外，还应避免对窗口通风特性产生不利影响。外遮阳形式及遮阳系数可按表3-2选用。

外遮阳形式[①]   表 3-2

外遮阳形式	性能特点	特征值	外遮阳系数	适用范围
水平式外遮阳		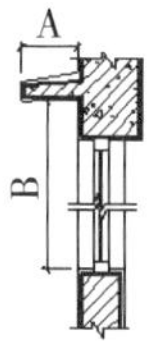	0.85~0.90	接近南向的外窗
垂直式外遮阳		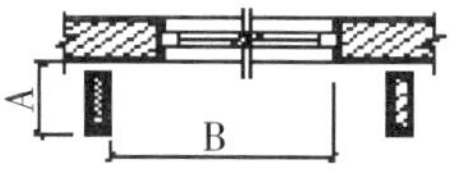	0.85~0.90	东北、西北及北向附近的外窗
挡板式外遮阳	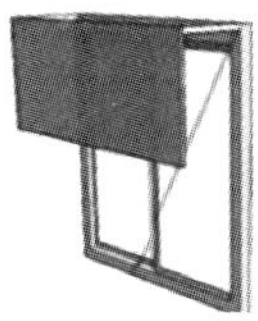	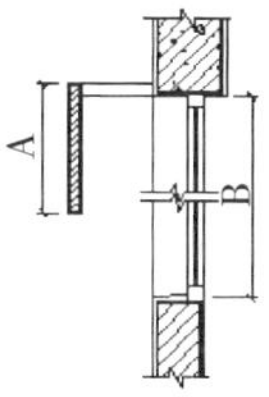	0.65~0.75	东、西向附近的外窗
横百叶挡板式外遮阳		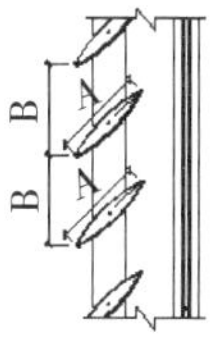	0.35~0.45	东、西向附近的外窗
竖百叶挡板式外遮阳	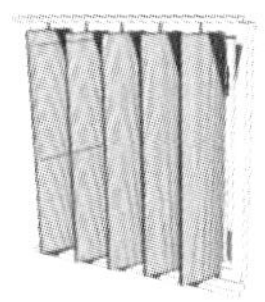	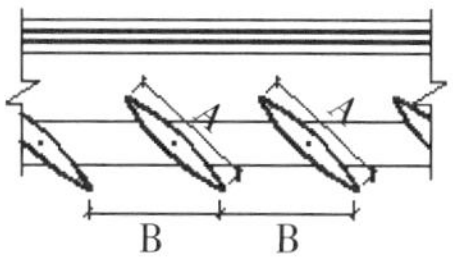	0.35~0.45	东、西向附近的外窗

3.2.2.2 墙体构造技术

墙体保温技术按照材料可分为单一材料保温外墙和复合材料保温外墙。按照保温材料设置位置的不同,可分为内保温、外保温和夹心保温外墙。这些保温墙体技术各有优缺点,应该根据工程的自身条件择优选择。

（1）墙体外保温技术

外保温技术的优点是：①对建筑主体结构起保护作用，延长建筑寿命；②基本消除"热桥"的影响；③可避免墙体内部结露；④与内保温相比，扩大室内的使用空间；⑤有利于采暖建筑冬季室内温度的热稳定性；⑥住宅改造时，对人们的日常生活干扰少。缺点是：墙体外饰面处理不好容易开裂。

---

① 农村居住建筑节能设计标准。

外保温技术适用性较强，在我国北方地区和南方地区的农村都有广泛的应用。

1）墙体组成

由保温层、保护层和固定材料（胶粘剂、锚固件等）构成，安装在外墙外表面的保温形式。

膨胀聚苯板外保温墙体由室内到室外的构造层次分别是内饰面层、承重墙体、黏结层、保温层、黏结层、装饰层。每个层次的作用在图 3-20 中有详细说明。

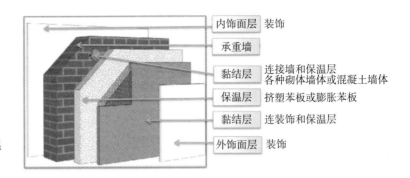

图 3-20 膨胀聚苯板外保温墙体组成

2）保温材料

常用的保温材料分为无机材料和有机材料，常用的无机保温材料包括岩棉与玻璃棉等。墙体有机保温材料种类众多，主要包括膨胀聚苯板、挤塑聚苯板、聚氨酯泡沫塑料等。无机保温材料保温效果略差。保温材料的厚度应根据所在气候区的热工要求进行计算定,可参考《农村居住建筑节能设计标准》（报批稿）中的附录 A 选用。

3）施工要点（图 3-21）

① 准备工具与材料

a.工具 电热丝切割器、开槽器、壁纸刀、螺丝刀、剪刀、钢锯条、墨斗、棕刷、粗砂纸、电动搅拌器、塑料搅拌桶、冲击钻、电锤、抹子、压子、阴阳角抿子、托线板、两米靠尺等。

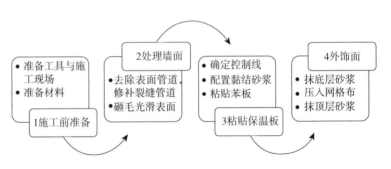

图 3-21 外保温墙体施工过程简图

b. 聚苯板　尽量使用 1200mm×600mm 或 900mm×600mm 标准尺寸的聚苯板（图 3-22），如使用非标准尺寸的聚苯板，应用电热丝切割器或壁纸刀进行剪裁加工（图 3-23），长短边要垂直。

c. 黏结剂或抗裂防水面层剂　开桶后，若黏结剂或抗裂防水面层剂有分层现象，在使用前搅匀即可。

d. 网格布　应根据工作面的要求，剪裁网格布，标准网格布应留用搭接长度。

② 处理墙面

a. 外墙侧管道、线路应拆除　应对原外墙裂缝、渗漏进行修复，墙面的缺损、孔洞应填补密实。

b. 处理外墙表面　当外墙面为清水墙时（图 3-24），原墙面用水泥砂浆做找平层（图 3-25）；原墙面为抹面涂料面层时，如涂料出现起粉、起皮、剥落现象，应将原墙面凿毛，否则，应将原涂层铲除；原墙面为瓷砖面层时（图 3-26，图 3-27），应将瓷砖面灰尘清刷干净，并进行凿毛。

③ 粘贴膨胀聚苯板

a. 确定控制线　粘贴聚苯板前应在外墙上弹出水平、垂直线，作为粘贴聚苯板的控制线。

b. 配制粘结砂浆　先将新鲜无块的普通 32.5 级硅酸盐水泥与中细石英砂或含泥量 ≤ 2% 的中细河砂或石英砂，按 2：1 的比例（重量比）混合均匀，然后把粘结剂倒入干净的容器中，按 0.3~0.4：1 的比例（重量比）配制成黏稠度适中，便于施工的混合物粘结砂浆。一次拌料不宜太多，应边搅边用，在一小时内用完。

c. 保温板的粘贴可采用以下两种方法

点框粘法　用抹子沿保温板的四周边涂敷一条平均宽 50mm、厚 5~7mm 的梯形带状粘结砂浆，平均厚度视其墙面平整度而定，并同时涂 6~8 块厚 5~7mm、直径为 100mm 的点状物，均匀分布在板中间，见图 3-28；外饰面为涂料时，粘结

图 3-22　聚苯板

图 3-23　切割聚苯板

图 3-24　清水墙面

图 3-25　处理墙面

图 3-26　瓷砖面层墙面

图 3-27　配制黏结砂浆①

① http://down1.zhulong.com/tech/new_miniature/5415/20105211311251573.jpg.

图 3-28　点框法粘结膨胀聚
　　　　　苯板[1]

图 3-29　条粘法粘结膨胀聚
　　　　　苯板[2]

图 3-30　用靠尺压平保温板[3]

图 3-31　打磨保温板表面

剂混合物与保温板粘贴面积之比不小于 30%；外饰面为瓷砖时，需加锚固件。

条粘法　用齿口抹子将粘结砂浆按水平方向均匀不间断地抹在保温板上，黏结砂浆条宽为 10mm，厚为 5mm，间距为 50mm，见图 3-29。此法一般用于平整度较好的墙面。

涂好粘结砂浆的保温板必须立即粘贴在墙面上滑动就位，粘贴时应轻揉，均匀挤压。为了保证表面的平整度，应随时用一根长度不小于 2.0m 的靠尺进行压平操作，见图 3-30。

保温板应自下而上沿水平方向横向铺贴。每块板都要保证其平整度，并粘贴牢固。板与板之间要挤紧，不得在板缝碰头处抹混合物砂浆。每贴好一块，应及时清除挤出的砂浆。板间不留空隙。当板缝间隙大于 2mm 时，应用保温板条填实后磨平。保温板条两侧不得抹黏结砂浆，不能用黏结砂浆填充板缝间隙。

保温板接缝不平处，应用衬有平整处理的 20 粒度的砂纸磨平，然后将整个墙面打磨一遍。打磨动作为柔和的圆周方向，不要沿着与保温板接缝平行方向打磨。打磨后，应用刷子或压缩空气将表面的碎屑及浮灰清除干净，见图 3-31。

d. 特殊部位保温板的粘贴

墙角处　应先排好尺寸，按所需尺寸裁剪保温板，保温板应垂直交错互锁，保证拐角处板垂直完整，见图 3-32。

门窗洞口　角部的保温板，应采用整块裁出的保温板做洞口角，不得拼接，见图 3-33。

④ 外饰面

a. 抗裂防水混合物砂浆配制　先将普通 32.5 级硅酸盐水泥与普通中细砂子按 1:3 的比例（重量比）混合均匀，然后把抗裂防水面层剂倒入干净的容器中，按 1:4.5~5 的比例（重量比）

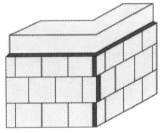

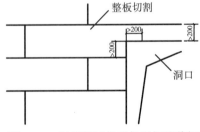

图 3-32　墙角处保温板布置　　图 3-33　门窗洞口处对保温板的裁切
　　　　　　　　　　　　　　　　　　　　　　要求

① http://down1.zhulong.com/tech/new_miniature/5415/20105211311251573.jpg.
② 严寒和寒冷地区农村住宅节能技术导则 .2009.
③ http://down.zhulong.com/tech/detailprof646206jz.htm.

逐步加入水泥与砂的混合物。用强制式搅拌机均匀搅拌，待全部搅拌均匀后，视其和易性，黏度适中，便于操作，即可施工，一次搅拌不宜过多，随拌随用，在一小时内用完。

b.底层罩面砂浆抹灰 聚苯板安装完毕检查验收后，用配制好的抗裂防水砂浆进行抹灰。抹灰分底层和面层两个层次。砂浆均匀地抹在聚苯板表面，厚度 2~3mm。

c.压入网格布 将网格布绷紧后贴于底层罩面砂浆上，用抹子由中间向四周把网格布压入砂浆的表层，要平整压实，严禁网格布皱褶。网格布不得压入过深，表面必须暴露在底层砂浆之外。铺贴遇有搭接时，必须满足横向 100mm、纵向 80mm 的搭接长度要求。在墙体的阴阳角及洞口处要将翻包网格布压入砂浆中（图 3-34，图 3-35，图 3-37），洞口处网格布要 45° 角贴加强层，具体做法见图（图 3-36）。

d.面层罩面砂浆抹灰 在底层罩面砂浆凝结前再抹一道罩面砂浆，厚度 1~2mm，仅以覆盖网格布、微见网格布轮廓为宜（即露纹不露网）。面层砂浆切忌不停揉搓，以免形成空鼓。砂浆抹灰施工间歇应在自然断开处，方便后续施工的搭接，如伸缩缝、阴阳角、挑台等部位。在连续墙面上如需停顿，面层砂浆不应完全覆盖已铺好的网格布（图 3-38），需与网格布、底层砂浆呈台阶形坡茬，留茬间距不小于 150mm，以免网格布搭接处平整度超出偏差。

（2）夹心保温墙体技术

夹心保温外墙的优点是：①对建筑主体结构和保温材料形成有效的保护；②对保温材料的选材要求不高，聚苯乙烯、岩棉等均可使用；③因保温层夹在砌体中，因此不存在饰面层与保温材料的连接问题，墙体的耐久性较好；④有利于采暖建筑冬季室内温度的热稳定性。缺点是：①内、外叶墙片之间需有

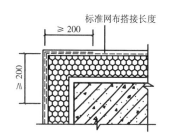

图 3-34 阳角网格布翻包

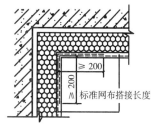

图 3-35 阴角网格布翻包

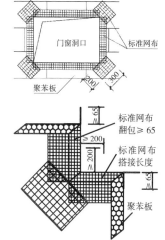

图 3-36 洞口处网格布翻包

图 3-37 窗洞口网格布翻包[①]
（左）
图 3-38 面层罩面砂浆抹灰[②]
（右）

---

① http://down1.zhulong.com/tech/detailprof646206jz.htm.
② 同上。

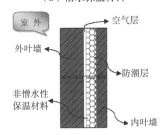

（a）憎水保温材料

（b）非憎水性保温材料

图 3-39　夹心保温墙体构造
简图

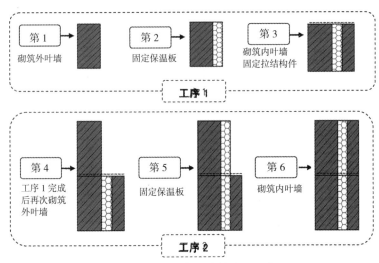

图 3-40　草板制作现场

连接件连接，构造较传统墙体复杂；②墙体中的热桥不易消除；③如处理不好，墙体内部易结露；④在非严寒地区，此类墙体与传统墙体相比普遍偏厚；⑤在地震区不宜采用。

1）墙体组成

复合夹心墙体由外叶墙、内叶墙和保温层三部分组成（图 3-39）。

2）保温材料

① 稻草板、苇草板　这类材料非常廉价，但需要一定的厚度才能达到良好的保温效果，而且这种材料在受潮后保温性能会大大降低，因此需要做特别的防潮处理。

这种天然的保温材料对环境无污染，使用这种材料也可以支持农村地区工业的发展（图 3-40）。

② 聚苯乙烯板（EPS）　这类材料能有效保温，但是相对价格较高。可以使用低密度的聚苯乙烯板材（约 $15kg/m^3$），但是施工时易损坏。

③ 玻璃纤维与岩棉　保温性能好，但不易施工，且对人的皮肤有刺激作用。

④ 挤塑聚苯乙烯（XPS）　价格较高，但是保温性能好，性价比高。从节能角度来看是保温材料的最佳选择。

3）施工要点

复合夹心墙体砌筑应按外叶墙→保温层→内叶墙→拉结钢筋四道工序连续施工（图 3-41）。复合夹心墙砌筑宜双面挂，砌筑外叶墙在外侧挂线，砌筑内叶墙在内侧挂线。砌筑高度按设计构造要求及保温板的规格因素沿高度方向分项砌筑。四道

图 3-41　夹心保温墙体施工程序

工序一个循环过程必须连续作业，使内外叶墙达到同一标高，并设拉结筋[①]。

内外叶墙体之间应采取可靠的拉结措施，保证墙体的安全性，如：镀锌焊接钢筋网片和封闭拉结件等，配筋尺寸应满足拉结强度要求，焊接网片应至少两皮砌块放置一道，封闭拉结件的竖向间距不大于 400mm，水平间距不小于 800mm，且应梅花形布置。

夹心保温墙体的保温层为吸水性材料时，保温层与内叶墙体之间应设置连续的防潮层，防潮材料可选择塑料薄膜（图3-42）。保温层与外叶墙体之间宜设置 40mm 的空气层，并在外墙上设通气孔，通气孔水平和竖向间距不大于 1000mm（图3-43），梅花形布置，孔口罩细钢丝网，见图3-44。

（3）草砖墙体技术

1）墙体组成

① 结构

草砖房结构一般有三种：承重型、非承重型和混合型。非承重型是指屋顶重量由立柱和横梁支撑，墙体由草砖筑成的房子，目前我国建成的草砖房均为非承重型结构。在非承重型建筑中，屋顶和顶棚的重量由木材、钢材、混凝土或砖的结构框架来支撑。草砖填在框架中，只起保温作用（图3-45，图3-46），柱和檩条可采用任何当地的建材——木材、混凝土、砖、竹子等。

在地震区和强风区，柱和草砖墙良好的整体性可增强墙体抵挡侧面负荷的能力。在这种情况下，柱最好嵌于草墙中。当柱与草墙接触时，它们应由钢丝或钢丝网连接牢固，草砖墙必须砌得严实，并与基础绑在一起，以起到侧面支撑作用。

② 基础

基础一般由混凝土浇筑而成，特殊情况下也可用石块或黏土代替。在寒冷地区，基础必须延伸到冰冻线以下。草墙的基础应超出周围地面 200mm。基础和草墙底部之间应设置防潮层，可干铺油毡一层。

③ 圈梁

屋顶圈梁可用多种建材——木材、混凝土或钢材。圈梁的主要目的是使屋顶的重量均匀分布在下面各墙上。圈梁可兼做门窗过梁。圈梁应跟草墙和屋顶绑在一起。通常用 14 号钢丝固定，间距 500mm。

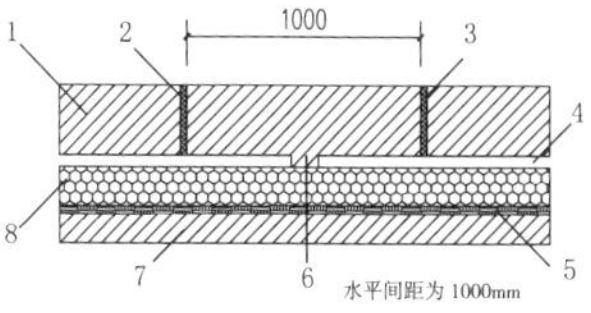

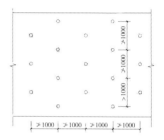

图 3-42　草板夹心墙体通气孔设置示意图

1—240mm 砖墙　　　5—塑料薄膜防潮层
2—细钢丝网　　　　6—挑砖
3—直径 20mmPVC 透气口　7—120mm 砖墙
4—40mm 空气层　　　8—草板保温层

图 3-43　草板夹心墙体通气孔分布

图 3-44　墙体通气孔

图 3-45　草砖房砖框架

图 3-46　山墙示意图

---

① 保温复合夹心墙体施工技术标准。

④门框和窗框

门框和窗框可以是木制的，截面尺寸至少 10mm×50mm
（图 3-47）。门框和窗框可被钉到柱材和檩条上。门框应与基
础和墙体牢牢地连在一起。在门窗框架的边缘部位必须用粗
（密）的钢丝网加固，同时可防止交接处抹灰层开裂（图 3-48）。
窗框应朝墙的外侧放置，以减少窗台上漏水的可能性。

2）墙体材料

理想的草砖主要是由小麦、大麦、黑麦或稻谷等谷类植
物的秸秆制成的。这些秸秆不带穗条，形状结构必须紧凑，
而且湿度不得超过 15%。草砖制作材料秸秆的长度不得少于
250mm（图 3-49）。草砖一般长 890~1020mm，宽 460mm，高
350mm。使用普通的打包机即可制作草砖如图 3-50 所示。

3）施工要点

①草砖块存放

草砖存放时应注意防潮，下部用砖或板等材料架高垫起，
上部用塑料防水布覆盖，在使用前需检查草砖是否潮湿、腐烂、
密实等（图 3-51）。

②草砖墙砌筑

砌筑草砖时，草砖应平放，捆草砖的钢丝或绳子在草砖的上
下两面；第一块草砖的摆放是最重要的，应该与基础持平（图
3-52）；总是从墙角或固定的一端——门和窗开始砌草砖。整块的

图 3-47　门框窗框示意图

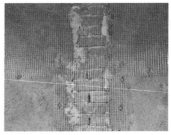
图 3-48　草砖与砖柱拉结示意图

图 3-49　草砖示意图

图 3-50　草砖制作示意图①

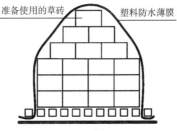
图 3-51　草砖保存示意

图 3-52　草砖墙基础示意图

草砖用于墙角，墙角的草砖应固定在一起（图3-53）；在门框和窗框旁，应用整块和半块的草砖——将填草砖的部位留在墙中央。

砌草砖墙时，不能留有通缝，每一道垂直的缝不应高过一道草砖；草砖必须一块紧挨着一块，但不能使劲挤压；要保持墙的垂直可用钢丝穿过草砖墙把钢筋、竹竿或木条固定在墙的两侧，间距500mm（图3-54）。

草砖间所有的缝隙应用草填满，防止有透气孔洞。草砖间的空隙小于150mm时，应在砌另一块草砖前塞满草泥（图3-55，图3-56），空隙超过150mm的应放大小相当的草砖。在地震区，草砖之间应用泥浆黏合（与黏土砖建筑相似），以保证墙体的稳固性。在砌墙的过程中应保持墙体的垂直，如果墙较高可使用临时的支撑柱。

在草砖上可以挖槽嵌入架子等，但在草砖表面上的洞口深度不应超过200mm。如果墙上要挂较重的物体（如黑板，架子等），必须有木橛子钉入墙中来支撑其重量，或者用钢丝穿过墙，将墙一面的木板固定到另一边的竹竿或钢筋上。

③ 草砖墙抹灰

抹灰层宜选用混合砂浆（图3-57）并在其中掺入干草或纤维，这样可以使抹灰层开裂情况得到改善。抹灰前，草砖必须保持干燥，墙面尽量平整；为避免不同材料接缝处的裂缝，可用钢丝网覆于草砖墙表面（图3-58），钢丝网应将砖柱覆盖100~120mm。

④ 防火措施

草砖能抵挡火，而松的稻（麦）草却容易着火。如果用松草做屋顶保温层，必须在草上抹一层泥或喷防火的化学药剂。沿草砖墙或穿过草砖墙的电线必须是可用于地线，或是放在塑料管中的（图3-59）。在易燃物（草和木材）和热源（炉子和炕）之间必须有足够的隔离。砖砌的烟囱外应抹一层灰作为防火措施。

图3-53　墙角示意图

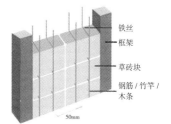

铁丝
框架

草砖块

钢筋/竹竿/木条

50mm

图3-54　草砖墙加固示意图

图3-55　草砖之间缝隙示意图

图3-56　草砖墙填缝示意图

图3-57　抹灰中添加的纤维

图3-58　草砖墙表面钢丝网

图3-59　电线穿线管和接线盒

图 3-60　草砖房屋檐示意图

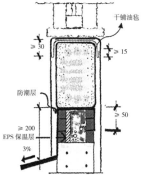

图 3-61　草砖防潮示意图

图 3-62　草砖房墙面裂纹示
意图

图 3-63　草砖房墙面养护

⑤ 防潮措施

防潮措施应考虑到当地的气候，平均年降水量分布状况、风（沙）暴的方向等。草砖的水平表面最怕受潮（窗台和墙的顶部），所以草砖房的屋顶必须设有屋檐，距离墙体300~500mm（图 3-60）。草墙也应防止来自室内的湿气（如来自烧饭或淋浴），应在墙上抹一层连续的抹灰，不应有缝隙或孔洞使湿气漏入草墙。抹了灰泥的垂直墙受雨水的威胁较小，除非暴露于集中的流水中（如从屋檐上滴下的水等）。草砖只有在含水量达到17%以上、在持续3~4周的温暖天气中，才有可能生成真菌，并有腐烂的危险。

草砖墙应注意防潮，尤其基础附近。草砖墙底部与基础之间必须有防潮层，防潮层做法为在基础与草砖墙之间砌200mm 砖槽，里面放置炉灰渣或河卵石等填充物，在两侧砖槽上铺油毡纸（图 3-61）。草砖房周围的地面应从基础处向外斜，形成坡度。室内地板至少比草墙底部低 50mm。

窗台底部也应铺一层油毡。油毡必须盖在整块草砖的水平面并下垂于草砖的外侧约 300mm，油毡的两边必须上翘150mm，以防窗台上的水沿窗台水平地渗入草砖，油毡上面必须用钢丝网盖住并抹灰，外窗台应向窗外斜，应有渗水槽或滴水（使水流向窗外）。窗台上也可使用一层薄钢板，可置于灰泥底下，也可放在灰泥上（以防渗水到草砖）。

⑥ 草砖墙维护

抹灰层上的裂缝至少每年补一次，能渗入水的裂缝应立即修补（图 3-62）。修复水泥抹灰中细小的裂纹时，可将水泥装入旧丝袜中，在裂纹处轻拍，再喷上适量的水即可（图 3-63）。

如果是石灰抹灰层，每两年到七年应重新用灰膏粉刷一次，具体的年限要取决于风霜雨雪对罩面的侵蚀程度。当罩面底层的抹灰层全暴露时（从颜色上判断，通常是灰色或暗红色），应重新粉刷。在夏季，要避免在墙附近堆放物品，否则阻碍草砖墙向外散发潮气。

门窗上的密封条应每年更换。任何使草墙和屋顶保温层受潮的情况都应及时处理，如屋顶漏水、窗台上的裂缝等。

（4）其他墙体节能技术

1）自保温墙体

我国南方建筑以夏季防热为主，相比较北方地区，南方农村住宅墙体传热系数要求较低，这些地区农村住宅外墙节能技术除了选择上面介绍的外保温墙体、夹心保温墙体和草砖墙体，还可以选择自保温墙体。自保温墙体材料可选择烧结非黏土多孔砖（空心砖）、加气混凝土等节能型砌体材料，具体做法见表 3-3。

夏热冬冷和夏热冬暖地区农村居住

建筑外墙自保温构造形式　　　　表 3-3

序号	名称	构造简图	构造层次
1	非黏土实心砖墙体	内　　外	1.20 厚混合砂浆 2. 非黏土实心砖 3. 饰面层
2	加气混凝土墙体	内　　外	1.20 厚混合砂浆 2. 加气混凝土砌块 3. 饰面层
3	多孔砖墙体	内　　外	1.20 厚混合砂浆 2. 多孔砖 3. 饰面层

2）浅色外饰面

采用浅色饰面材料的建筑外表面可以反射较多的太阳能辐射热能，从而减少进入室内的太阳能辐射热能，降低围护结构的表面温度。

3）外墙垂直绿化

在住宅的东、西外墙采用花格构件或攀缘植物遮阳都是利用植物作为遮阳和隔热的措施。

墙体垂直绿化的植物应该选用生长快、枝叶茂盛、有吸盘和吸附根的攀缘植物，这类植物有爬山虎、五叶地锦、常春藤等。

不同攀缘植物对环境条件要求不同，因此在进行垂直绿化时应考虑立地条件。在进行墙面绿化时，应考虑方向问题，北墙面应选择耐阴植物，如中国地锦是极耐阴的攀缘植物，用于北墙比用于西墙生长迅速，生长势强，开花结果繁茂。西墙面绿化应选择喜光、耐旱的植物，如爬山虎等。

3.2.2.3　屋顶构造技术

屋顶分类与组成　农村住宅的屋面形式可分为平屋面和坡屋面，屋面坡度小于 10% 为平屋面，大于 10% 为坡屋面。屋面的主要构造层次为：结构层、保温／隔热层、防水层和保护层。

屋面保温材料选择 农村住宅的屋面保温材料应因地制宜、就地取材，选择适合农村经济条件的保温材料，优先选用保温性能好的材料（表 3-4），保温材料宜选择模塑聚苯乙烯泡沫塑料板，也可采用稻壳、锯末、稻草以及生物质材料制成的板材。由于保温材料受潮后会降低材料的保温性能，所以尽量选择憎水性的保温材料，如聚苯乙烯塑料板或挤塑聚苯乙烯泡沫塑料板。如果选择价格相对低的散材（如膨胀珍珠岩）或草板等保温材料，则一定要做好保温材料的防潮措施。对于散材保温材料要每年对其进行一次维护，及时添补保温材料缺失的部位，如屋顶四角部位。

我国农村地区住房的屋面以坡屋顶为主，这种形式的屋面既适合北方多雪的气候环境，也适合南方多雨的天气条件。经过长期经验的积累，农村住宅坡屋面已经形成比较成熟的做法。在传统做法基础之上，吸收现代节能屋面做法，形成以下新型的农村住宅节能屋面。坡屋面按照承重构件分为木屋架承重坡屋面和钢筋混凝土承重坡屋面。按照所使用的保温材料可分为散材保温与板材保温，具体材料见表 3-4。

（1）木屋架坡屋面

1）简介

木屋架坡屋面是目前北方农村地区采用最多的一种屋面

屋面常用保温材料 表 3-4

分类	保温材料名称	性能特点	应用部位	主要技术参数	
				密度 ρ_0（kg/m³）	导热系数 λ（W/m·K）
板材保温材料	模塑聚苯乙烯泡沫塑料板（EPS板）	质轻、导热系数小、吸水率低、耐水、耐老化、耐低温	钢筋混凝土屋面，木屋架屋面吊顶内	18~22	≤0.041
	挤塑聚苯乙烯泡沫塑料板（XPS板）	保温效果较EPS好，但价格较EPS贵、施工工艺要求复杂	钢筋混凝土屋面，木屋架屋面吊顶内	25~32	≤0.030
	草板	价格便宜，需较大厚度才能达到保温效果，需要做特别的防潮处理	木屋架屋面吊顶内	>112	0.072
散材保温材料	膨胀珍珠岩	质轻、导热系数小、吸水率低、耐腐蚀、耐老化、价格便宜	木屋架屋面吊顶内	80~120	0.058~0.07
	稻壳、木屑、干草	非常廉价，有效利用农作物的废弃料，需较大厚度才能达到保温效果，可燃，受潮后保温效果降低	木屋架屋面吊顶内	100~250	0.047~0.093

形式。图 3-64 中的做法在北方民居屋面传统做法的基础之上做了改进，增加隔汽层，避免保温材料受潮，保证保温性能。

2）施工步骤

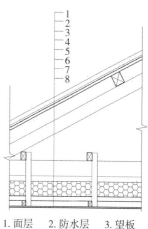

1. 面层　　2. 防水层　　3. 望板
3. 屋架　　5. 保温层　　6. 隔汽层
7. 棚板　　8. 吊顶

图 3-64　木屋架坡屋面构造

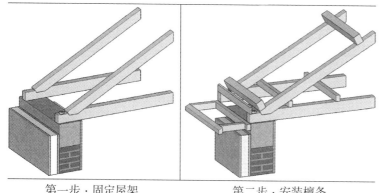

第一步：固定屋架	第二步：安装檩条

 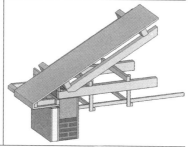

第三步：安装室内吊顶龙骨	第四步：檩条上层固定木望板

 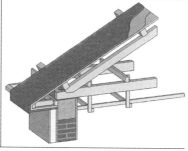

第五步：木望板上铺装防水材料	第六步：固定最外层饰面（瓦／彩钢板）

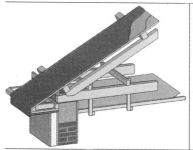 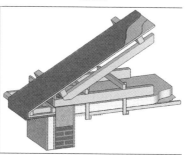

第七步：吊顶木龙骨上固定棚板和塑料隔汽层	第八步：隔汽层上层铺装保温层

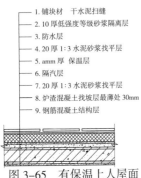

1. 铺块材　干水泥扫缝
2. 10 厚低强度等级砂浆隔离层
3. 防水层
4. 20 厚 1:3 水泥砂浆找平层
5. amm 厚　保温层
6. 隔汽层
7. 20 厚 1:3 水泥砂浆找平层
8. 炉渣混凝土找坡层最薄处 30mm
9. 钢筋混凝土结构层

图 3-65　有保温上人屋面
（块材保护层）

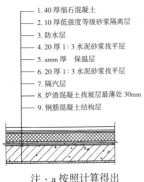

1. 40 厚细石混凝土
2. 10 厚低强度等级砂浆隔离层
3. 防水层
4. 20 厚 1:3 水泥砂浆找平层
5. amm 厚　保温层
6. 20 厚 1:3 水泥砂浆找平层
7. 隔汽层
8. 炉渣混凝土找坡层最薄处 30mm
9. 钢筋混凝土结构层

注：a 按照计算得出

图 3-66　有保温上人屋面
（混凝土保护层）

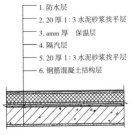

1. 防水层
2. 20 厚 1:3 水泥砂浆找平层
3. amm 厚　保温层
4. 隔汽层
5. 20 厚 1:3 水泥砂浆找平层
6. 钢筋混凝土结构层

图 3-67　有保温非上人屋面

（2）平屋顶

1）平屋顶保温技术

①构造做法

在农村地区，传统的平屋面做法是在木梁之上搭接由植物编织而成的"席子"，在其上铺碱土，表面碱土层每年都会被雨水、雪水冲走，需要每年维修，耐久性差，这种做法已经基本淘汰。目前平屋面做法主要以混凝土为结构层，混凝土之上覆盖保温层、防水层。

按照使用功能，可以将平屋面分为上人屋面和非上人屋面。按照保温层与防水层的位置关系可分为正置屋面和倒置屋面（图 3-65~ 图 3-67）。

②施工步骤

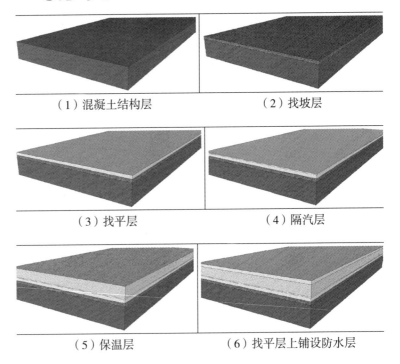

（1）混凝土结构层　　　　（2）找坡层

（3）找平层　　　　（4）隔汽层

（5）保温层　　　　（6）找平层上铺设防水层

2）平屋顶隔热技术

①通风隔热屋面

通风隔热屋面是指在屋顶中设置通风间层，使上层表面起着遮挡阳光的作用，利用风压和热压作用把间层中的热空气不断带走，以减少传到室内的热量，从而达到隔热降温的目的。具体做法见图 3-68。

②被动蒸发屋面

用含水多孔材料做屋面层可以利用水的蒸发带走潜热，降低屋面温度，起到一定的隔热作用。

③ 覆土 / 种植屋面

屋面有土或无土种植，是利用植物作为遮阳和隔热的措施。植物的蒸腾和对太阳辐射的遮挡作用可显著降低屋面内表面温度，改善室内热环境，降低夏季空调能耗。具体做法见图 3-69。为确保种植屋面的结构安全性及保温隔热效果，设计施工应符合现行行业标准《种植屋面工程技术规程》JGJ 155 的相关规定[2]。

3.2.2.4　地面构造技术

村镇住宅的地面由若干层次组成，即 :

①面层。主要起满足使用功能要求和装饰的作用，同时对结构层有保护作用。

②垫层。垫层是地层中起承重作用的主要构造层次，依建筑物所处地域及功能要求等不同，垫层可采用一层或两层做法，通常采用素混凝土、毛石混凝土等材料。

③基层。基层是直接支承垫层的土壤，一般无特殊要求的民用建筑，基层都采用素土直接夯实的做法。

④附加层。对有特殊要求的地层也需增加一些特殊附加的构造层次，以满足使用功能要求，如 :防潮层、防水层、保温层等。

在北方地区，农村住宅中大量应用的普通水泥地面（图 3-70）具有坚固、耐久、整体性强、造价较低、施工方便等优点，但是其热工性能很差，存在着"凉"的缺点。所谓"凉"有两个方面 :一是地面表面温度低 ;二是当人们在地面上瞬间或较长时间停留时，地面表面从脚部吸热量多而感觉凉。因此地面的构造设计如何对其舒适度的影响很大。人对地面的冷暖感觉，取决于地面的表面温度及地面从人脚吸收热量的多少。据测量，人脚接触地面后失去的热量，约为其他部位失热量总和的 6 倍。所以脚是人体冬季室内失热的主要部位，其冷暖感觉是舒适的主要依据，做好地面保温对人的舒适感觉有很重要的意义。常见的地面保温构造见图 3-71，图 3-72。

在南方地区，由于潮湿气候的影响，在霉雨季节常产生地面泛潮现象。地面泛潮属于夏季冷凝。夏热冬冷和夏热冬暖地区的农村住宅地面面层通常采用防潮砖、大阶砖、素混凝土、三合土、木地板等对水分具有一定吸收作用的饰面层，防止和控制潮霉期地面泛潮[4]。

---

① 农村居住建筑节能设计标准。
② 同上。
③ 同上。
④ 同上。

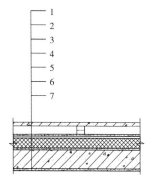

1. 40 厚钢筋混凝土板
2. 180 厚通风空气间层
3. 防水层
4. 20 厚 1：2.5 水泥砂浆找平层
5. 水泥炉渣找坡层
6. 保温层
7. 20 厚 1：3 水泥砂浆
8. 钢筋混凝土屋面板

图 3-68　通风隔热屋面做法示意图[1]

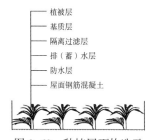

植被层
基质层
隔离过滤层
排（蓄）水层
防水层
屋面钢筋混凝土

图 3-69　种植屋面构造示意图[3]

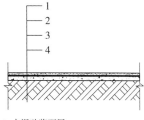

1. 水泥砂浆面层
2. 水泥浆一道
3. 60 厚 C10 混凝土垫层
4. 素土夯实

图 3-70　普通地面构造

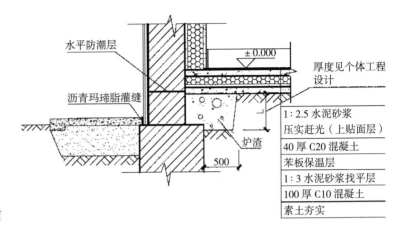

图 3-71　炉渣保温地面

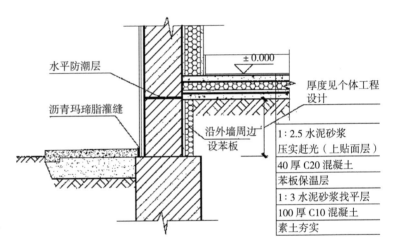

图 3-72　苯板保温地面

3.2.3　光环境与声环境改善技术

3.2.3.1　光环境改善技术

通过前面的分析，应该从以下几个方面改善室内光环境：

（1）朝向

建筑要符合所在地区的最佳朝向。以东北地区农村为例，住宅一般选择坐北朝南。而且应该使主要功能空间，如卧室、起居室能位于南向，这样在获得良好光照的同时，也会降低室内的采暖能耗（图 3-73）。

（2）住宅间距

住宅周围不能有影响建筑采光的遮挡物。尤其在冬季影响住宅日照。首先，建筑之间要满足国家标准中对住宅间距的规定，建筑之间不能互相遮挡；其次，建筑周围不能有树木及其他构筑物遮挡。

（3）窗洞口面积

窗的大小要符合国家标准中对窗地比的要求。舒适的室内环境应该有充足的天然采光，窗地面积比是控制采光性能的指标，具体指窗洞口面积与所在房间的地面面积之比。主要使用的房间如卧室、起居室、厨房窗地比不小于 1/7。

窗洞口面积为有效采光面积。窗洞口下沿距地面低于 0.50m 时，所获得有效照度极小，不计入有效采光面积；窗洞口上沿离地面高度不宜低于 2m，以避免居室窗口上沿过低而限制光照深度，影响室内照度的均匀性；当采光口上有深度大于 1m 以上的外廊和阳台等遮挡物时，其有效采光面积可按采光面积的 70% 计算。

3.2.3.2　声环境改善技术

住宅隔声性能主要是围护结构隔声性能和设备管道防噪性能。农村住宅以分散式为主，没有集合式住宅中的设备和管道噪声影响，只需要考虑围护结构隔声性能。对于农村住宅而言，噪声的来源主要有以下几个方面：①来自隔壁邻居的噪声；②来自户外的噪声；③来自自家的噪声。

应该从以下几个方面改善室内的声环境：

（1）分户墙隔声量

对于双拼式或联排式住宅，分户墙的隔声量应该大于 45dB（A）。

（2）外墙隔声量

当住宅所处的环境比较嘈杂，如临近交通量较大的道路时，围护结构的隔声量，在关窗状态下应该大于 55dB（A）。针对户外的噪声可以在建筑周边，临近噪声源一侧种植树木，作为声音的屏障。其次要保证围护结构的隔声量满足 55dB（A）的要求。

（3）住宅空间动静分区

对于户内噪声，有两种处理方法。首先在房间功能分区时要根据动静进行分区。即安静的房间功能划分在一个区域。一般门厅、起居室、餐厅、厨房、家务空间等属于住宅中的动区，使用时间一般为白天和晚上的部分时间；卧室为静区，私密性较强，多为晚上使用。两种区域应该有适当分隔，使用时不互相影响。

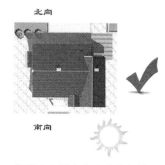

住房宜布置在南向采光好的地方，太阳辐射能够提供热能，增加室内温度。

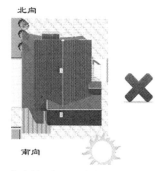

住房的"长边"宜朝向南，争取获得更多的太阳光照，以利节能，减少常规能源消耗。

图 3-73　住宅朝向与采光的关系

3.3　室内通风换气技术

我国《室内空气质量标准》GB/T 18883-2002 规定室内卫生情况应达到如下要求：室内空气应无毒、无害、无臭味，各种污染物浓度不应超过规定的限值；室内建筑和装修材料，燃料和燃具，以及室内用品不应对人体健康造成危害，也不应释放影响室内空气质量的污染物；提倡使用清洁能源。厨房应安装排油烟设备，将厨房油烟直接排放到室外。燃具、热水器应安装通风换气设备或安装在通风良好的地方，以保证燃气废气及时排至室外；室内装修完成后，应充分通风换气，使室内空气质量达到卫生标准；室内空气应保持清洁、新鲜和舒适，应尽量采用自然通风，室内要保证有足够的新风量。

室内要保证有足够的新风量、洁净空气量和换气次数。室内空气中污染物的浓度超标时，应根据情况加大新风量，如开窗通风等，也可以采用空气净化装置净化室内空气。室内通风系统要正确布置进、出通风口，合理组织气流。对于有可能产生污染物的位置，要设置专门的通风装置，如排风扇、抽油烟机等。

室内通风换气情况直接影响室内空气质量，应从以下方面优化建筑室内通风效果。

3.3.1 门窗洞口通风

最常见的通风口是建筑的门窗洞口。特别是在夏季，为了降低室温，一般采取开窗通风。窗户的形式、面积大小及安装位置影响通风效率、室内气流组织和室内热舒适。

（1）建筑布局与门窗开口通风

在建筑设计过程中，就应当结合平面布局考虑开窗的大小和位置（图3-74）。对于寒冷地区的建筑，可获得日照的南向墙面开窗面积大，北向墙面开窗面积较小。通常情况下，建筑的主卧室和起居室布置在南向，卫生间、厨房等辅助性房间布置在北向。

开窗通风可保证室内气流通畅，通风效果较好，有利于建筑降温和废气排出。不同的主导风向对建筑室内的通风会产生不同的影响，设计时，应根据当地气候条件加以分析。

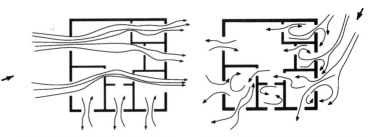

图3-74 住宅平面布局与门窗通风[①]

（a）夏季主导风向有利于房间通风   （b）夏季主导风向不利于房间通风

---

① Francis Allard . Natural Ventilation in Buildings: A Design Handbook. James & James（Science Publishers）Ltd. London. 1998: 23~24，46~48，67~68，89.

门窗在相邻墙面的气流模式　　　　　　表 3-5

门窗位置关系	门窗在相邻墙面	
	门窗距离较远	门窗距离较近
窗居一侧	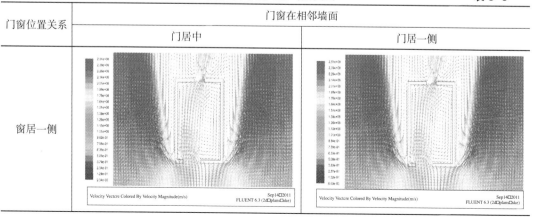	
窗居中		
窗居一侧		

门窗在相对墙面的气流模式　　　　　　表 3-6

门窗位置关系	门窗在相邻墙面	
	门居中	门居一侧
窗居一侧		

门窗位置关系	门窗在相邻墙面	
	门居中	门居一侧
窗居中	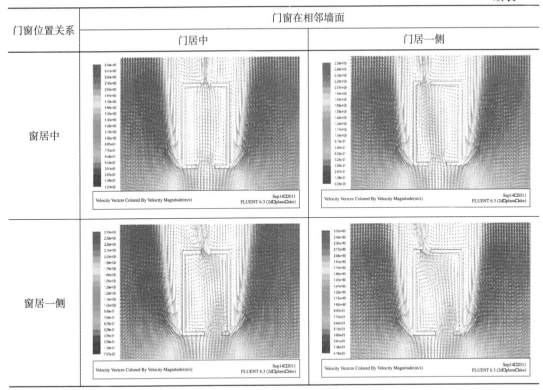	
窗居一侧		

（2）门窗相对位置

开口位置决定室内气流模式。表3-5，表3-6显示的是不同的门窗位置关系对房间内气流分布的影响。当门窗位于相对的墙面时，室内对流通畅且分布均匀；当门和窗位于相邻墙面上时，容易使气流产生偏移，导致部分角落有涡流现象。可见门窗对开的时候效果最佳。但是，实际中门窗开口位置受室内布局的限制无法对开，只能布置在相邻的墙上，此时就应当注意门窗之间的距离。门窗距离较远时，室内会形成紊流，气流沿墙壁四周做环形流动，可以加强建筑角部的通风，效果也比较好；门窗距离过近，导致气流偏于一侧，不能形成整个房间的循环，通风效果较差。

（3）开窗面积与窗扇形式

室内气流场与房间进出风口面积关系极大，开口的大小存在一个优化组合的问题。房间开口尺寸的大小，直接影响着风速和进气量，开口大，则气流场较大，缩小开口面积，流速虽然相对增加，但气流场缩小。根据测定，当开口宽度为开间宽度的1/3~2/3，开口面积为地板面积的15%~20%时，通风效率最佳。窗地比愈大，室内气流场愈均匀。但当比值超过25%

后，空气流动基本上不受进、出风口面积影响。因此，对于一个房间的窗开口面积，一般窗的宽度相当于开窗的墙的宽度的 2/3~3/4 为宜[①]。

窗扇形式对通风量大小以及室内气流分布也有影响。一般来说平开窗的有效通风面积是推拉窗通风面积的两倍[②]，开窗面积较小的北向房间宜优先考虑平开窗，开窗面积较大的南向房间可采用推拉窗。此外，平开窗可以通过调节窗扇的位置引导或阻挡室外气流进入，具有较强的可控性（图 3-75）。

此外，可在窗户上设置开启扇，这样当使用者对新鲜空气的需求增加时，可以在短时间内迅速实现通风。

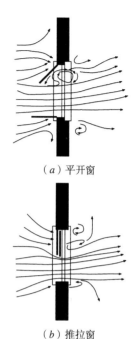

（a）平开窗

（b）推拉窗

图 3-75　窗扇开启形式与窗口处气流模式[③]

3.3.2　热压通风

通过合理设计，在住宅空间中部或边部，通过类似烟囱的装置进行通风（图 3-76，图 3-77），以有效地将空气从室外引入室内。但同时，这些通风口上应安装人工可控的调节装置，通过调整通风口的大小来控制通风量。

在容易产生烟气、潮气和污浊气味的房间，如厕所、浴室和厨房，应设置通风道并在通风口处安装排风扇进行强制通风。排风扇的安装位置应该靠近水蒸气和污浊气味产生的部位，以便有效迅速的排出水汽和气味。当湿度和污浊气体浓度下降以后，关闭排风扇就能避免不必要的热损失。

图 3-76　住宅管道排风系统示意图[④]

图 3-77　常见的天花板排风口[⑤]

①　乔慧. 严寒地区住宅的风环境及相关节能设计研究. 西安建筑科技大学硕士学位论文. 2007：34~36，55.

②　同上。

③　Francis Allard . Natural Ventilation in Buildings: A Design Handbook. James & James（Science Publishers）Ltd. London. 1998: 23~24，46~48，67~68，89.

④　http://www.gaileshardware.com.au/images/ceiling_register_200mm.jpg.

⑤　同上。

第4章 既有村镇住宅室外环境改善技术

村镇住宅室外环境是村镇住宅建筑及周围空间环境的总称，是村镇居民生产生活的载体[①]。为改善村镇住宅的室外环境，本章首先对村镇住宅室外环境的影响因素进行分析，在此基础上对村镇住宅室外的空间场所、环境设施和景观绿化的改善技术进行深入研究。

4.1 村镇室外环境影响因素

我国历史悠久，疆域辽阔，自然环境多种多样，社会经济技术条件也不尽相同。在这些因素的综合作用下，形成不同的居民生活习惯和地域文化特质。村镇是我国居民聚居的基本单位，数量巨大、分布广泛、异质性较强，为改善不同区域、不同文化、不同经济状况居民的居住环境，对村镇室外环境影响因素进行深入分析是改善技术研究的前提。如图4-1所示，通过分析发现，影响室外环境的因素主要包括使用者的情况、区域自然地理条件和当地经济技术发展水平。

4.1.1 使用主体

村镇居民既是村镇环境的组成部分也是使用主体。居民的主观需求及文化传统是影响村镇住宅室外环境的重要因素。为满足居民的需求，村镇住宅室外环境中的绿化、景观及公共设

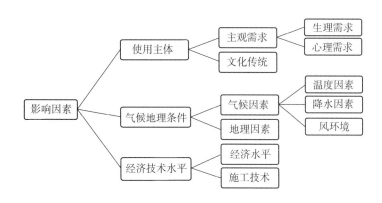

图4-1 室外环境影响因素

① 李岩. 居住小区室外环境设计初探. 现代园林，2006（7）.

施的布局与尺度等要符合人的视觉观赏习惯和人体工程学的要求，各要素的运用要考虑不同活动的需要，根据不同人群（幼儿、儿童、青少年、成年人、老年人以及残障人）在室外空间活动的内容和规律，提供相适应的场所和环境，保障居民能够健康快乐地生活[①]。不同区域的居民都有特定的文化背景，拥有各自的文化习俗，从而形成不同的生活模式，不同的生活模式对室外环境的要求也不尽相同，在村镇室外环境创造过程中，充分考虑地域文化背景及生活习俗，可以创造出充满活力、特色鲜明的室外环境。

4.1.2　气候地理条件

气候是人类生存和生产活动的重要环境条件，也是影响人类生存空间形态的重要因素[②]。为适应不同的气候条件，不同区域村镇形态呈现出不同的景观特征，如南方湿热地区，聚居结构分散，村镇道路宽阔、平直，公共空间较为通透；西北干旱地区，聚居结构紧凑，道路狭窄而曲折，公共空间相对封闭等。地理条件主要包括地形条件、地貌条件、水文条件等，地理条件对村镇环境影响也较大，如在地形复杂地区，建筑物、构筑物等应结合地形建设。在生态敏感地区，村镇建设应尽量保护原有地形地貌。不同气候地理条件影响下的村镇体现着不同的风貌特色，保护和弘扬这些特色是实现不同聚居区可持续发展目标的重要环节[③]。

4.1.3　经济技术条件

经济技术条件是村镇环境改造的物质基础和技术手段，是空间、景观、绿化等由图纸付诸实施的根本保证。能否获得适宜的空间形式和良好的景观效果，不仅取决于我们的主观愿望，还取决于经济和技术的发展水平。如果不具备相应的经济技术条件，主观愿望将会变成幻想。因此各类设施只有与当地的经济发展水平、施工技术水平相适应，才能得以实现。

4.2　空间场所环境优化技术

村镇空间场所是村镇居民进行日常活动的区域，主要包括公共广场和私家庭院。空间场所环境优化是指通过合适的技术手段对这些空间的环境进行优化，以满足村镇居民的需求。

---

① 扬·盖尔.交往与空间.中国建筑工业出版社，2002.
② 宋德萱.建筑环境控制学.东南大学出版社，2003.
③ 冷红.寒地城市的宜居性研究.中国建筑工业出版社，2009.

图 4-2　村镇广场示意图[①]

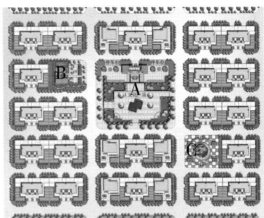

A. 村镇级广场（结合村镇委员会）
B. 组团级广场（结合商业设施）
C. 组团级广场（结合名木古树）

图 4-3　村镇广场的选址示意图

4.2.1　广场环境优化技术

　　村镇广场是指村镇中供居民进行休息、娱乐、交流、商贸等社会活动或交通活动的空间，通常是大量人流、车流集散的场所。如图 4-2 所示，广场应具有一定的用地面积，能满足多种活动的需求，广场内应配置合适的绿化、小品等景观设施，以增强村镇居民的生活情趣，满足人们日益增长的艺术审美要求。在村镇中广场数量不多，所占面积不大，但其地位和作用很重要，是村镇规划布局的重点之一。

4.2.1.1　村镇广场选址

　　村镇广场是村镇居民进行户外活动的重要场所，应方便居民进行日常的休闲、交往、娱乐等活动，选址时应考虑以下原则：

　　1）为吸引人流，应将广场布置在村镇中人气较旺的位置。如图 4-3 所示，可结合村委会、商业设施或原有环境设置。

　　2）能够方便居民进入，不仅交通方便，而且能够使居民在参与一些社会活动时有意无意地进入，而不只是专意进入。

　　3）能够体现社会性，消除私密感，即在广场内活动的每个人都有进入自家"客厅"的感觉。

4.2.1.2　村镇广场布局

　　村镇广场主要由铺装地面、绿化和景观小品三部分组成，其中各部分功能及所占比例如图 4-4 所示，铺装地面主要为村镇居民提供适宜的活动场地，所占比例宜小于广场面积的

---

　　① 　http://www.nipic.com/show/2/91/3659445k08f945b9.html.

图4-4　广场各功能部分面
　　　　积分配图

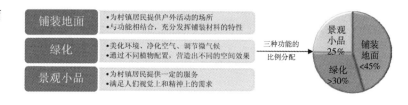

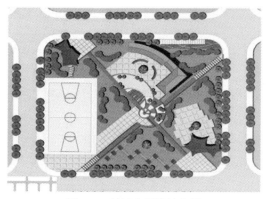

图4-5　村镇广场设计实例

45%，适宜的绿化可以美化环境、净化空气及营造不同的空间效果，所占比例应大于广场面积的30%，景观小品既可为居民提供服务，又能满足居民视觉和精神上的需求，所占比例为25%左右。

在广场的布局中，应将铺装地面、绿化、景观小品有机结合，使各个部分能够相互融合。图4-5为某村镇广场的设计案例，如图所示，该广场在整体设计中，绿化和铺地互相融合，互为背景，为了打破绿化的单调，在适当的位置融入小块铺地，作为景观节点。在大片铺装地面中又添加了绿化元素，使铺地显得更为自然，在绿化和铺地的适当位置点缀了景观小品，使绿化和铺地不显单调，丰富了空间效果。

4.2.1.3　村镇广场铺装地面

铺装地面是广场的重要组成部分。适宜的铺装地面可吸引村镇居民更多地参加户外活动。铺装地面宜简单而有较强的适应性，可以满足居民多种多样的活动需要。

（1）铺装材料选择

在选择地面铺装材料时，首先要考虑材料的物理特性，如强度、平度、防滑性和耐久性等；其次要考虑使用人群的数量、地面的承载力等外界条件；最后要做到就地取材，采用符合区域气候地理条件特征的材料。例如在北方寒冷地区，为了防止冰雪天气的地面冻裂、易滑等不利条件，应选择抗冻性能好、不易碎裂、防滑性好的材料；在多雨地区，应选择渗透性好的材料。

村镇广场中常用的地面铺装材料有普通砖、草坪砖、天然石板、卵石等，可以根据不同的需求选择相适应的材料，其中主要材料特性如表4-1所示。

常用铺地材料特性表　　　　　　　　　　　表4-1

类　型	示　例		优　点	缺　点
砌块砖			渗水防滑、耐腐蚀性好	易碎裂、风化

续表

类　型	示　例	优　点	缺　点
草坪砖		美观、利于保护土壤	易松动、维护成本高
天然石材		便于取材、耐久性强	铺装成本较高
卵石		造价低、透水性好	易生长杂草、需经常维护

（2）铺装地面做法

1）普通砖铺装　普通砖（图 4-6）是常用的铺地材料，经久耐用、美观大方，根据需要可铺设成不同的图案，常被用来铺设车道、庭院、广场和台阶等，常用的有黏土砖和砌块砖两种类型。

施工时根据预期效果及经济预算选型，一般来说，砌块砖铺地相对便宜，但是黏土砖的色彩比较丰富，看起来比较自然。对不规则广场可在铺砖地面上撒一些长势快的草籽，或在地面预留（或挖出）一些缝隙，并在路面种植一些灌木和多年生植物。普通砖铺装样式及构造做法如图 4-7 所示，其中砖的规格是宽 60~200mm，长 200~400mm，灰缝宽 2~3mm，灰缝的做法是灰缝预留或砌块砖自带，干石灰细沙扫缝后洒水封缝[2]。

2）草坪砖铺装　草坪砖（图 4-8）主要用于广场内停车区域的地面铺装，具有生态和美观的优点。草坪砖厚度一般为50~60mm，砖孔或砖缝间用干沙灌缝，洒水使沙沉实[4]。剖面做法如图 4-9 所示，铺装样式如图 4-10 所示。

3）天然石材铺装　天然石材铺装美观、耐磨，规格厚度

图 4-6　砌块砖示意图[1]

图 4-7　平面铺装样式及构造做法[3]

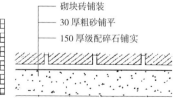

砌块砖铺装
30 厚粗砂铺平
150 厚级配碎石铺实

①　http://www.ylstudy.com.

②　方明 . 村庄整治技术手册—公共环境治理 . 中国建筑工业出版社，2010.

③　中国建筑标准设计研究院 . 环境景观 - 室外工程细部构造（03J012-1）. 中国计划出版社，2007.

④　方明 . 村庄整治技术手册—公共环境治理 . 中国建筑工业出版社，2010.

图 4-8　草坪砖彩图（左）

图 4-9　草坪砖铺装剖面做
　　　　法①（右）

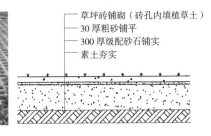

图 4-10　草坪砖平面铺装
　　　　　样式②

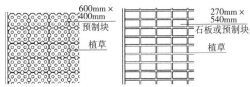

图 4-11　天然石材铺装的多
　　　　　种组合方式③

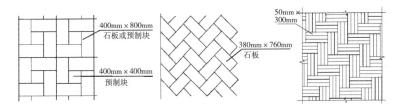

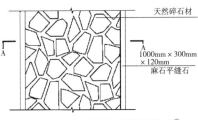

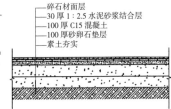

图 4-12　碎石材平面铺装样式④　　　图 4-13　碎石材铺装构造做法⑤

图 4-14　卵石铺装示意图⑥

为 20~60mm，根据需要，可加工成各种形状，天然石材铺装包括天然石板铺装和天然碎石铺装，如图 4-11 所示，天然石板铺装需对石材进行加工处理，使其变成规格石板进行铺装，铺装应考虑防滑耐磨要求。天然碎石铺装对碎石材不需要进行过多的加工处理，保留其天然状态，其平面和剖面做法如图 4-12 和图 4-13 所示。

　　4）卵石地面铺装　如图 4-14 所示，卵石可用于植物之间以创造一种镶嵌式的设计，还可以和混凝土、石板等硬质材料

①　方明 . 村庄整治技术手册—公共环境治理 . 中国建筑工业出版社，2010.

②　同上。

③　同上。

④　中国建筑标准设计研究院 . 环境景观 – 室外工程细部构造（03J012-1）. 中国计划出版社，2007.

⑤　同上。

⑥　http://www.ddove.com/picview.aspx?id=35593.

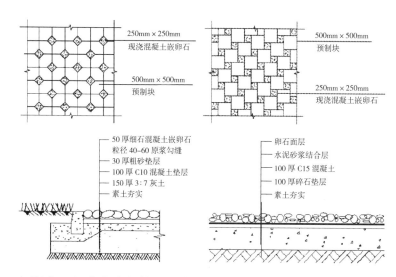

图 4-15 卵石平面铺装样式[①]

图 4-16 卵石铺装剖面做法[②]

相嵌合，组成丰富的铺砌图案。卵石的铺装样式与剖面做法如图 4-15 和图 4-16 所示。

在铺地设计中，为方便居民使用并能创造出美观、生态的效果，应采用多种铺地材料的组合，使每种材料都能充分发挥其性能。如砌块砖美观大方、经久耐用；草坪砖有很好的生态性，将两者有机组合，既能创造良好的视觉效果，又能保证较好的生态性能。

4.2.1.4 村镇广场景观小品布置

景观小品是村镇广场的重要设施，主要包括休息座椅、垃圾箱、指示牌、路灯、雕塑等。这些小品不仅能满足居民休闲活动的要求，还可以美化环境，满足居民视觉和精神上的需要。

1）座椅 如图 4-17 所示，座椅是广场中常见的室外家具，座椅的布置应满足广场上不同使用者的需求。在广场内，每 2.5m² 的广场应提供 1300mm 长度的座位，该数值是提高广场可坐率的定量参考值，建设时还需综合考虑广场人流量、地理区位及服务半径等内容确定[③]。座椅布置时，路边的座椅应

图 4-17 广场座椅布置形式

① 方明.村庄整治技术手册—公共环境治理.中国建筑工业出版社，2010.
② 中国建筑标准设计研究院.环境景观 – 室外工程细部构造（03J012-1）.中国计划出版社，2007.
③ 杨坤，李小云.村庄广场人性化空间的营造.农业考古，2007.6.

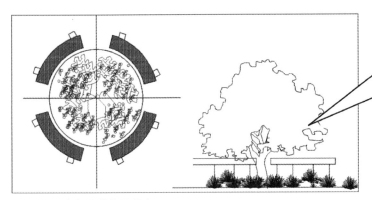

· 座椅围绕树木环形布置，形成开阔的视野。

· 人们相背而坐，满足人们心理需求，提高可坐率。

图 4-18　广场座椅与植物相结合①

图 4-19　道路两侧布置的照明性灯具②

图 4-20　草坪上布置的装饰性灯具③

退出路面一段距离，避开人流，形成休息的半开放空间。如图 4-18 所示，还可利用花坛边缘、树池、台阶或结合藤类植物形成连廊以增加休息场所，提高可坐率。景观节点的座椅应设置在背景而面对景色的位置，游人休息时有景可观。在合适的位置应设置一些宽大的长椅或成角度摆放的座椅及活动桌椅等以便于成群人的需要。

2）灯具　灯具是广场内常用的照明设施，可点亮夜晚，方便居民夜行、渲染景观等。灯具应根据其位置和功能需求布置，如图 4-19 所示，在广场边缘或广场主要道路两侧，一般布置照明性的灯具，方便居民在夜间的行走。如图 4-20 所示，在广场内部或草地、树丛之中，一般布置地灯、草坪灯等装饰性的灯具，既可烘托夜间广场的景观，也起到辅助照明的作用。

3）雕塑小品　小型雕塑宜结合周边环境布置在广场的绿地中或道路边缘处，大型雕塑宜布置在广场的几何中心，以反映广场主题。

4）指示牌　指示牌（图 4-21）主要是为居民提供一定指示性信息的设施。一般布置在广场道路的边缘，便于人们观察和识别，也可根据实际情况灵活布置。

5）垃圾箱　垃圾箱（图 4-22）是公共场所不可缺少的环境卫生设施，可以起到清洁卫生、保护环境的作用。垃圾箱的布置应满足居民在广场中的日常活动需要。一般布置在广场中道路的边缘，也可结合环境或人们需要灵活布置。

① http://jpkc.zjjy.net/jp06/bbs/UpFile/UpAttachment/2009-6/2009619151130.jpg.
② http://www.nipic.com.
③ http://i01.c.aliimg.com/img/ibank/2010/532/490/221094235_815920176.jpg.

图 4-21　指示牌设置[1]（左）
图 4-22　垃圾箱设置[2][3]（右）

4.2.2　庭院环境优化技术

庭院是指用墙垣围合的堂下空间，借助建筑与围墙而形成的对外封闭、对内开敞、自成体系的空间模式[4]。目前村镇的绝大部分庭院都是一进（一排住宅称为"一进"）式庭院，布置方式包括前后院式、前院式、后院式三种（图 4-23）。

后院	主体建筑	
主体建筑		后院
前院	前院	
		主体建筑

图 4-23　村镇常见的庭院形式[5]

4.2.2.1　庭院选址

庭院作为村民生活的基本单元，为满足其功能的要求，将占用一定的土地资源，在选址时应该考虑以下内容：

1）尽量利用原有建设用地或劣地，不占用耕地。

2）地形较复杂的村镇，为了保护生态环境，庭院应尽量结合原有地形进行建设，不对地形做特别大的改动。

3）庭院建设应避开洪水、滑坡、泥石流等自然地质灾害频发地段，远离废水、废气、废渣及电磁等危害人们身体健康的污染源。

4.2.2.2　庭院布局

庭院是村镇居民生活休闲的主要场所，庭院的功能设施包括围墙、畜禽圈舍、厕所、杂物间等。这些功能设施应该根据其功能、使用方便程度、安全及卫生要求进行合理布局，如图 4-24 所示，布局时应注意以下要点：

1）为创造私密舒适的庭院环境，庭院外围应布置围墙，围墙应该体现当地特色，且与周边环境协调。

2）厕所是住宅改善的焦点问题，若暂不能纳入主体建筑，则应注意朝着有利于卫生和积肥的方向发展，放置在后院或主体建筑旁边，最好能与家禽家畜的圈舍毗邻，便于粪便的统一

图 4-24　庭院布局示意图

---

①　http://100yeuserfiles.100ye.com/goods_images/0010460001-0010480000/0010473601-0010473800/10473617.jpg.

②　http://hb.co188.com/content_product_43408084.html.

③　http://xurinet.net/UpFile/2011-4/26/2011426183246922.jpg.

④　赵坤.传统民居庭院空间的比较研究.东北林业大学硕士学位论文，2006.5 :2.

⑤　王健.北方既有村镇住宅功能改善技术研究.哈尔滨工业大学硕士论文，2010.6 :38.

收集和利用。

3）猪、鸡、鸭、鹅等的饲养是农村的常见家庭副业，应把该类圈舍布置在远离居室、且为当地常年主导风向的下风向方向，偏于一角为最佳。

4）很多居民有自己种菜自己吃的习惯，可以将菜地与花园间隔布置，形成层次感较强的视觉效果，既能得到蔬菜又能美化庭院效果。

5）杂物间（仓房）是放置粮食和农具的庭院附属设施，可建设在离庭院入口不远处，避免流线过长将外部污物带入院中，也可与主体建筑结合，与主体建筑结合时，最好建设在主体建筑北向或西向，可形成温度阻尼区，在冬季，加强主体居住部分的保暖效果。

4.3　村镇环境设施改善技术

村镇的环境设施是保障居民生产生活方便、卫生、安全的重要设施，主要包括道路、厕所、边沟等。

4.3.1　村镇道路改善技术

图4-25　某村镇道路

道路是地面上穿越不同地理区域的线性人工构筑物[①]。村镇道路是为方便农业生产和村镇居民生活，在村镇区域内建设的供行人及各种农业运输工具通行的基础设施（图4-25）。在村镇道路上行驶的交通工具类型较多，包括农用车、摩托车、自行车等，且不同季节行驶的车辆类型不同，农忙季节农用车较多，农闲季节非农用车较多。

4.3.1.1　道路选线

在道路平面线形中，为使车辆可以平顺的改变行驶方向，从一段直线转到另一段直线上，直线段之间需用平曲线连接。村镇道路平曲线半径参考值见表4-2。当路线的转折角很小，设计车速也不大（v<50km/h）时，可将折线直接相连而不设平曲线[②]。

平曲线半径及车速	道路类别		
	主干路	干路	支路（坊路）
设计车速（km/h）	25~40	25~30	15~20

村镇道路平曲线半径参考值[③]　　　　　表4-2

①　王琳．信阳山区公路设计浅谈．科技信息，2009（8）．
②　朱建达，苏群．村镇基础设施规划与建设．东南大学出版社，2008.
③　金兆森．村镇规划（第三版）．东南大学出版社，2005.

续表

平曲线半径及车速	道路类别		
	主干路	干路	支路（坊路）
推荐半径（m）	230~300	110~150	40~70
设超高最小半径（m）	75~100	35~75	15~20

注：设计车速即计算行车速度，系指道路受限制地段（如弯道、大总坡段）在正常气候、行车密度下应使线形达到的安全运行速度。

在村镇道路中，一般车速不会超过 40km/h，考虑到沿街建筑布置和地下管网敷设的方便，并有益于街道美观，应尽可能选用不设超高的平曲线，村镇道路平曲线半径参考值见表 4-2。

4.3.1.2　横断面设计

道路横断面是指沿着道路宽度、垂直于道路中心线方向的剖面。

（1）道路横断面宽度

村镇道路机动车辆较少，行车速度不快，如图 4-26 所示，多采用一块板形式，道路横断面宽度较窄，一般在 30m 以下。

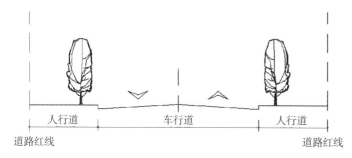

道路红线　　　　　　　　　　　　道路红线　　　图 4-26　一块板道路示意图

1）行车道宽度　行车道宽度设计是为保证来往车辆安全和顺利通行。行车宽度一般以"车道"或"行车带"为单位。车道宽度取决于车辆本身宽度以及车辆在行驶时的横向安全距离，一条机动车道的宽度一般为 3.5~3.75m。村镇机动车道主干路一般为双向 3~4 车道，宽约 12~15m；干路一般为双向 2~3 车道，宽约 8~12m；支路一般为双向 2 车道，宽约 5~7m；巷路一般为单向车道，宽约 3~4m[1]。

2）人行道宽度　人行道宽度取决于人流量和道路的功能、沿街建筑的性质、人流密度，以及人行道上设置路灯、绿化带和人行道下埋设管线等的要求。一般人行道中每条步行带的宽度为 0.75m[2]，多对称布置在车行道的两侧，一般高出车行道 0.08~0.2m。一般主干路人行道为 4~6 条，干路为 2~4 条，支路为 1~2 条[3]。

[1]　朱建达，苏群．村镇基础设施规划与建设．东南大学出版社，2008.

[2]　中华人民共和国建设部．城市道路交通规划设计规范（GB50220-95）．北京：中国计划出版社，2006.

[3]　同上。

（2）道路横断面坡度设计

道路横断面坡度主要是解决路面的排水问题。路面的光滑程度、透水性、平整度等是影响横断面坡度设计的主要因素。不同路面类型的道路横断面坡度见表4-3。

不同路面类型的道路横断面坡度[①]　　　　表 4-3

车道种类	路面面层类型	横向坡度（%）
车行道	沥青混凝土路面、水泥混凝土路面	1.0~2.0
	其他黑色路面、整齐石块路面	1.5~2.5
	半整齐、不整齐石块路面	2.0~3.0
	碎石、砾石等粒料路面	2.5~3.5
	各种当地材料加固和改善路面	3.0~4.0
人行道	砾石、碎石	2.0~3.0
	砖石或混凝土块铺砌	1.5~2.5
	砂石	3.0
	沥青面层	1.5~2.0

（3）道路纵坡设计

为行车安全，应对道路的纵坡进行控制，确保车辆的上坡顺利和下坡安全。我国村镇非机动车使用量大，故纵坡不宜过大，一般以不大于3%为宜。最小纵坡值应根据当地雨季降雨量、路面类型以及管径大小而定，一般为0.3%~0.5%[②]。当坡度较陡时，为照顾人与车辆的行驶，可每隔200m做一纵坡不大于3%的缓和线段，该段坡长不小于30m[③]。

4.3.1.3 道路铺装材料选择

（1）车行道铺装材料

村镇道路车行道的路面主要包括沥青路面和混凝土路面两类（图4-27，图4-28）。

图4-27　沥青路面（左）
图4-28　混凝土路面（右）

---

① 金兆森.村镇规划（第三版）.东南大学出版社，2005.
② 北京市市政设计研究院.城市道路设计规范（CJJ37-90）.中国建筑工业出版社，1998.
③ 高尚德，曹护九.新村规划（第二版）.中国建筑工业出版社，1982.

　　混凝土路面具有耐久性好，刚度大，承载能力强，使用寿命长等优点，但相对于相同平整度的路面舒适性较低，且其光热反射能力高于黑色沥青路面，容易引起驾驶员视觉疲劳[①]。

　　随着科学技术的发展，在村镇道路建设时，如表 4-4 所示，可以采用新材料、新技术来改善路面状况。

新材料路面　　　　　　　　　　表 4-4

类 型	示 例	特 点
柔性纤维混凝土路面		路面厚度 5cm，具有透水性好、低噪音、行车舒适、防尘等优点，而且工艺简单，同时具备了柔性和硬性路面的优点
彩色沥青路面		具有改善道路环境，展示村镇风格，诱导车流，使交通管理直观化的作用。有较强的吸音功能，良好的弹性和柔性，脚感好，适合老年人散步
高承载透水混凝土路面（排水混凝土）		又称多孔混凝土，具有透气、透水和重量轻的特点，能够让雨水流入地下，有效补充地下水，缓解村镇的地下水位急剧下降等一系列村镇环境问题

（2）人行道和停车场铺装材料

　　人行道和停车场的铺装要求路面美观，有良好的耐磨性、抗滑性和透水性，宜采用透气性的路面材料，常用的材料有石材、砂砾、卵石、砖等，各种材料的特点及构造见表 4-5。

各种材料的特点及构造　　　　　　　　　　表 4-5

类型	示 例	特 点	构 造
草坪砖		植草格将植草区域变为可承重表面，适用于停车场、人行道、出入通道，也可在运动场周围、露营场所和草坪上建造临时停车场	 草坪砖 30 厚种植土 60 厚种植土 150 厚砂石垫层 素土夯实
路面文化砖		具有浓厚的文化气息，独特的仿大自然风格，有良好的耐磨性和渗水性	 路面砖 30 厚石灰砂浆找平层 50 厚混凝土基层 100 厚碎石垫层 素土夯实

---

① 寇旭，种阳.浅谈水泥混凝土路面的优缺点.今日科苑，2008（10）.

续表

类型	示　例	特　点	构　造
石材		石材形式可以是近似于长方形，也可以是不规则的天然石材。主要用作铺设通道及踏步，一般40~50mm厚，可以独自装饰地面，也可以与其他材质结合，例如与卵石结合	——石材 ——30厚石灰砂浆找平层 ——100厚混凝土基层 ——100厚碎石垫层 ——素土夯实

4.3.2　村镇厕所改善技术

厕所是村镇重要的环境卫生设施，是居民进行生理排泄和放置（处理）排泄物的地方。根据使用对象的不同，分为公厕（图4-29）和私厕（图4-30）两种类型。公厕主要布置在公共场所内，供全村居民使用，私厕主要布置在庭院中，供居民家庭使用。

图4-29　村镇公厕示意图（左）
图4-30　庭院私厕示意图（右）

4.3.2.1　厕所选址

厕所的选址应因地制宜，根据村镇规划、院落布置、居民生活习惯以及建厕类型（公厕或私厕）等因素来确定。

1）私厕一般位于庭院的角落中，尽可能离居室近些，方便使用，庭院或居室周围有水井时，厕所应离水井有一定距离。

2）公厕应布置在靠近村镇公共活动空间的位置，便于居民的使用，不应建在某些居民的庭院附近，不应建在低洼地、水沟边、水冲处。

4.3.2.2　厕所规模

村镇公厕的设置，应满足每千人0.5~1座，每个行政村至少一座[①]。村镇公共厕所规划指标如表4-6所示。

---

① 华中科技大学.村镇环保规划规范（090318），2009.

村镇公共厕所规划指标[①]　　　　　　　表 4-6

总坑位数（个）	建筑面积（m²）	占地面积（m²）	与相邻建筑间隔（m）	绿化隔离带宽度（m）
15 以上	40~60	100~150	≥ 10	≥ 3
10~15	30~40	80~100	≥ 8	≥ 3
6~10	20~30	60~80	≥ 8	≥ 2
6 以下	15~20	40~60	≥ 5	≥ 2

4.3.2.3　厕所的形式

厕所作为村镇重要环境卫生设施之一，在满足其功能的前提下，也是体现地域特色和文化特色的重要载体，因此厕所的形式应遵循以下原则。

1）**体现地域特色**　村镇厕所在建造时，结合当地实情，利用当地的建筑材料（砖、石等）砌筑，满足其最基本的使用要求。在形式上，如图 4-31 所示，多利用地方性元素（坡屋顶、传统木窗格等），突出民族和地方文化特色。

2）**注重生态环保**　村镇厕所在设计时，以节能、节水、节材、节地、安全和资源综合利用为核心，结合厕所的功能需求，多利用可再生能源。如图 4-32 所示，该厕所利用太阳能光电板照明、冬季采暖，夏季利用烟囱形成热压通风，厕所使用时，利用中水系统冲洗厕所，通过这些措施的综合运用，以达到生态环保的目的。

图 4-31　地域型厕所（左）
图 4-32　生态型厕所（右）

4.3.3　村镇边沟改善技术

如图 4-33 所示，边沟是设置在路基两侧的纵向水沟，主要用以汇集和排除路基范围内和流向路基的少量地面水[②]，并能降低地下水位，使路基不致过分潮湿而软化，是公路的主要附属设施之一。边沟一般设置在路肩外侧或路堤坡脚外侧[③]，也设置于挖方地段和填土高度小于边沟深度的填方路段。

---

① 华中科技大学. 村镇环保规划规范（090318），2009.

② 陈忠达. 路基路面工程. 人民交通出版社，2009.

③ 同上。

图 4-33　边沟示意图

图 4-34　边沟横断面图[①]

4.3.3.1　边沟断面设计

1）横断面　边沟的横断面形式常为梯形、三角形、矩形或 U 形等。边沟底宽与深度一般不小于 0.4 m，边坡一般为 1：1~1：1.5，岩石边坡为 1：0~1：0.5（图 4-34）[②]。

2）纵断面　沟底纵坡一般与道路纵坡一致，并不得小于 0.5%，若大于 3% 时，需采取加固措施。为防止边沟水流漫溢或冲刷，单向排水长度每 300~500m 应设出水口，把水引到低洼处[③]。

4.3.3.2　边沟形式

边沟根据其盖板遮盖方式可分为全遮盖式、半遮盖式和无遮盖式。

1）全遮盖式　如图 4-35 所示，全遮盖式边沟是为道路整洁，防止冬天雨水较少时边沟被柴草等堵塞，在边沟的顶部设置遮盖性构件。

2）半遮盖式　如图 4-36 所示，根据建设基地的情况，在建设边沟时可以在边沟的顶部设置部分遮盖性构件，既可以节省材料，又可以满足功能的要求。

3）无遮盖式　如图 4-37 所示，无遮盖边沟是道路两侧不设置遮盖构件的边沟。

图 4-35　全遮盖式边沟（左）
图 4-36　半遮盖式边沟（中）
图 4-37　无遮盖式边沟（右）

4.3.3.3　材料与构造

图 4-38　不同材料与形式的盖板

边沟多采用砖、石块、混凝土等材料砌筑，也可与路缘石结合为一体。边沟盖板可选用多种材料，如水泥网状（条状）盖板、铁艺盖板等（图 4-38），边沟构造做法如表 4-7。

水泥网状盖板

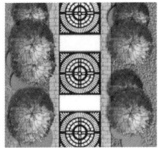

铁艺盖板

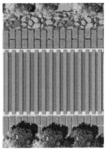

水泥条状盖板

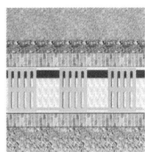

彩色水泥盖板

① http://jz.co188.com/content_drawing_55678394.html.
② 陈忠达 . 路基路面工程 . 人民交通出版社，2009.
③ 同上 .

边沟构造做法　　　　　　　　　表 4-7

类型	示　例	构　造
全遮盖式或半遮盖式		从上到下顺序： 水泥（铁艺）盖板 20 厚 1∶2 水泥砂浆抹平压光 （可铺设滤水层） 120 厚 MU7.5 砖 M5 水泥砂浆砌筑（或 60 厚 C10 混凝土） 200 厚粗砂垫层 素土夯实
无遮盖式		从上到下顺序： 20 厚 1∶2 水泥砂浆抹平压光 120 厚 MU7.5 砖 M5 水泥砂浆砌筑（或 60 厚 C10 混凝土） 200 厚粗砂垫层 素土夯实

4.4　村镇景观绿化改善技术

村镇景观绿化是为改善村镇人居环境而建造的景观设施及栽植的绿化植物等。本节主要对村门、围墙等景观设施和村镇的各类绿化布置进行论述。

4.4.1　景观设施改善技术

景观设施是构成村镇景观的主要元素，包括村门、围墙、信息栏、标牌等。

4.4.1.1　村门

（1）概述

村门是人们识别村庄的标志，一般设在村头醒目的位置，方便人们识别不同的村庄。村门的设计应能反映地域特色，为不同村庄营造出独具特色的视觉效果和环境氛围。

根据形式不同，村门包括开放式（图 4-39）和半开放式（图 4-40）两种。开放式村门通常是一块刻着村名的石碑，位于村口等易于辨识的位置，在农村的使用较为广泛。半开放式

图 4-39　开放式村门（左）

图 4-40　半开放式村门（右）

图4-41 某院落围墙

村门通常设置在村镇主要出入口的道路上，在水平方向上明确的划分村内村外空间，在垂直方向上划分出人行和车行路线。

根据材料不同，村门有砖石、木材、竹编、铁艺和其他新型材料等几种类型。

（2）设计要点

村门的位置应当醒目，尽量不占用交通空间，阻碍交通。开放式村门的尺寸应当根据人的视线范围确定，不宜过小或过低，也不宜过大以免造成浪费。半开放式村门的尺寸规格较多，但其宽度都要大于两倍行车道的宽度。材料选择上尽可能采用当地材料，节约能源，满足可持续发展的要求。

4.4.1.2 围墙

（1）概述

如图4-41所示，围墙是一种垂直的空间隔断，是为分割或保护某一区域而建造的构筑物。围墙的选材广泛，几乎所有常见的建筑材料都可以用来建造围墙，如木材、石材、砖、混凝土、金属材料、高分子材料等。

（2）设计要点

1）就地取材 选用当地生产或易得的材料，作为建造围墙的主要材料，既能反映当地的民俗特色，又能减少成本。

2）形式美观 在围墙设计中应注意各部分的主次关系，材料颜色、质感的搭配，以及配合绿化形成远中近景，使整体环境既和谐统一，又富于层次变化（图4-42）。

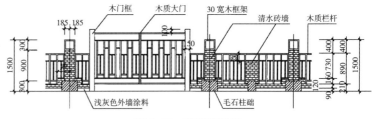

图4-42 某围墙设计

3）合理确定围墙尺寸 根据实用性、安全性要求确定围墙各部分的尺寸，如以有无车辆进出确定大门的宽度，以围墙防攀越要求确定墙体的高度，以墙体稳定性要求确定墙垛的尺寸等。

4）与环境有机结合 围墙应与周边的环境有机结合，如图4-43、图4-44所示，在围墙内外合理布置绿化，不仅能够达到良好的视觉效果，还能够美化环境，调节微气候。

图 4-43　围墙外侧形成花坛
　　　　（左）
图 4-44　围墙的垂直绿化
　　　　（右）

4.4.1.3　信息栏

（1）概述

信息栏是为村镇居民提供资讯，向村民宣传科技、文化、卫生等知识的窗口，也是村民掌握科普知识的重要渠道。信息栏一般由柱子、挡雨棚、框架、框架面板、玻璃罩、照明灯等部分组成，包括横版和竖版两种类型。

（2）设计要点

单元信息栏的宽度一般在 1m 以内，横版较常见，常用规格为 600mm×800mm。大型信息栏的高度一般在 2.2m 以上[①]。如图 4-45 所示，可带顶棚，也可不带顶棚，不带顶棚的可以稍矮一些。顶棚材质多为阳光板，也可是玻璃、不锈钢板。宣传栏的宽度应考虑公告栏内部放置内容的尺寸，为有效利用宣传栏的宣传空间，宽度应为海报宽度的整数倍，再加十几厘米。

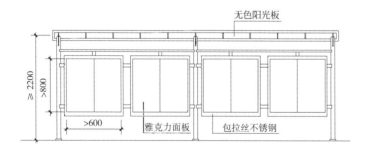

图 4-45　某信息栏设计

4.4.1.4　标牌

（1）概述

标牌是用作标识的指示牌，具有指明方向和警示的作用，有些标牌还是信息传达的媒体，具有广告的功能。标牌主要利用文字，记号等方式完成其功能，如村镇标牌多用于指示交通、标注名称、景点介绍等。

（2）设计要点

标牌设计应当在易更新、易清洁、可视性较强、坚固耐用

———————————

① http://jz.co188.com/content_drawing_55678394.html.

图 4-46　标牌尺寸示意图

的前提下，创造简明易懂的视觉效果。

标牌的尺度与体量应与人的认知感觉相一致，尺度要合理。小型标牌一般以平面形式为主，造型简洁醒目，多用于建筑物的门牌、出入口显示等。中型标牌如图 4-46 所示，一般宽度在 1~2.5m，造型较丰富，多用于指向性标识和宣传标识。大型标牌，宽度一般在 5m 以上，内容多以商业广告为主，给人强烈的视觉冲击力[①]。

标牌的设计要颜色醒目，有别于背景环境颜色，整体设计易辨别。标识牌应当定期清洁维护，提高使用效率，如有损坏应及时更换。

4.4.2　村镇绿化改善技术

树木栽植是改善村镇环境的重要手段。良好的绿化不仅能够净化空气、调节微气候，而且通过合理的布置，还能营造出不同的空间效果。村镇绿化主要包括广场绿化、道路绿化及庭院绿化等。

4.4.2.1　广场绿化

广场是供村镇居民茶余饭后休闲的场所，绿化是其重要组成部分。如图 4-47 所示，考虑景观的要求，广场绿化应将乔木、灌木、花草等不同类型树木搭配布置，以草坪、地被为基调，乔、灌木复层组团布置，花卉、色叶植物大色块栽植，同时将植物图案及造型巧妙点缀其中。选择树种时，应重视乡土树种的运用，融合地方植物文化，利用多种植物来丰富广场的景观。

在微气候营造方面，广场应重视遮阴问题，设计时应尽量保留原有场地的植被，在保证广场空间整体性的同时，尽量在

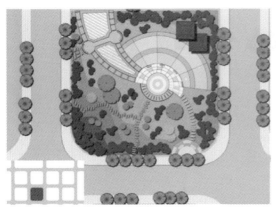

广场边缘采用草地、灌木、乔木相结合的配置方式

树木集中布置时，采用多树种的组合配置

图 4-47　广场中的植物配置

---

① 高祥生，丁金华，郁建忠 . 现代建筑环境小品设计精选 . 江苏科学技术出版社，2002.6.

次空间及边缘种植遮阴乔木。北方地区高大遮阴树种应以落叶为主，兼顾冬季居民对阳光的需求。对于多风的广场，为减轻浓密枝叶和大风混合造成的潜在破坏，在迎风方向应以布置树冠较大的树木为主。

4.4.2.2　道路绿化

道路绿化具有降低噪声、遮阳、降尘及美化道路景观的功能。为保证树木正常生长，在道路设计时应留有道路绿化用地，宽度应大于 1.5m。植物配置时，应选择有地方特色的植物并与街景结合，同一条道路的绿化宜有统一的风格，不同路段的绿化形式应该有所变化，避免单调；同一路段的各类绿化应相互配合，并应协调空间层次、树形组合、色彩搭配和季相变化的关系；在村镇毗邻山、河、湖、海的道路，绿化应结合自然环境，突出自然景观特点[①]。树种选择时，行道树应选择深根性、分枝点高、冠大荫浓、生长健壮适合道路环境条件的树种；花灌木应选择枝繁叶茂、花期长、生长健壮便于管理的树种；绿篱植物和观叶灌木应选用萌芽力强、枝繁叶密、耐修剪的树种；地被植物应选择茎叶繁密、生长势强、病虫害少和易管理的木本或草本观叶、观花植物[②]。

4.4.2.3　庭院绿化

庭院是村镇居民生活、休闲的主要场所，庭院绿化应该满足庭院功能的要求。如图 4-48 所示，为满足庭院私密性的要求，结合院墙形式，在院落周围种植爬藤植物，四周草地环绕；为满足院落景观要求，院落内适当位置种植景观树，以创造适宜的院落景观；为满足院落空间的分隔要求，院落内场地与菜地之间用绿篱隔开。

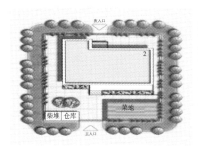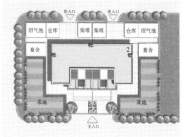

图 4-48　庭院绿化布局示意图

---

①　中国城市规划设计研究院.城市道路绿化规划与设计规范（CJJ75-97）.中国建筑工业出版社，1998.

②　同上。

参考文献

[1] 李岩.居住小区室外环境设计初探.现代园林，2006（7）.

[2] 扬·盖尔.交往与空间.北京：中国建筑工业出版社，2002.

[3] 冷红.寒地城市的宜居性研究.北京：中国建筑工业出版社，2009.

[4] 宋德萱.建筑环境控制学.南京：东南大学出版社，2003.

[5] http://www.nipic.com/show/2/91/3659445k08f945b9.html.

[6] http://www.ylstudy.com.

[7] 方明.村庄整治技术手册——公共环境治理.北京：中国建筑工业出版社，2010.

[8] 中国建筑标准设计研究院.环境景观 – 室外工程细部构造（03J012–1）.北京：中国计划出版社，2007.

[9] http://www.ddove.com/picview.aspx?id=35593.

[10] 杨坤，李小云.村庄广场人性化空间的营造.农业考古，2007.6.

[11] http://jpkc.zjjy.net/jp06/bbs/UpFile/UpAttachment/2009–6/2009619151130.jpg.

[12] http://www.nipic.com.

[13] http://i01.c.aliimg.com/img/ibank/2010/532/490/221094235_815920176.jpg.

[14] http://100yeuserfiles.100ye.com/goods_images/0010460001–0010480000/0010473601–0010473800/10473617.jpg.

[15] http://hb.co188.com/content_product_43408084.html.

[16] http://xurinet.net/UpFile/2011–4/26/2011426183246922.jpg.

[17] 赵坤.传统民居庭院空间的比较研究.东北林业大学硕士学位论文，2006.5:2.

[18] 王健.北方既有村镇住宅功能改善技术研究.哈尔滨工业大学硕士论文，2010.6:38.

[19] 王琳.信阳山区公路设计浅谈.科技信息，2009（8）.

[20] 朱建达，苏群.村镇基础设施规划与建设.南京：东南大学出版社，2008.

[21] 金兆森.村镇规划（第三版）.南京：东南大学出版社，2005.

[22] 中华人民共和国建设部.城市道路交通规划设计规范（GB50220–95）.北京：中国计划出版社，2006.

[23] 北京市市政设计研究院.城市道路设计规范（CJJ37–90）.北京：中国建筑工业出版社，1998.

[24] 高尚德，曹护九.新村规划（第二版）.北京：中国建筑工业出版社，
1982.

[25] 寇旭，种阳.浅谈水泥混凝土路面的优缺点.今日科苑，2008（10）.

[26] http://baike.baidu.com/view/24960.htm.

[27] 华中科技大学.村镇环保规划规范（090318），2009.

[28] 陈忠达.路基路面工程.北京：人民交通出版社，2009.

[29] http://jz.co188.com/content_drawing_55678394.html.

[30] http://baike.baidu.com/view/445651.htm.

[31] 全面质量管理办法路灯质量标准（试行），国家发展和改革委员会、
国家标准化管理委员会组织制定，2005.

[32] http://baike.baidu.com/view/2521137.htm.

[33] 高祥生，丁金华，郁建忠.现代建筑环境小品设计精选.南京：江苏
科学技术出版社，2002.